JN110930

URBAN PROBLEMS AND THEIR INSTITU-TIONAL SOLUTIONS IN JAPAN

自滅する大都市

制度を紐解き解法を示す

織山和久

ユウブックス

　日本ではこの国に住む7割近くの人びとが都市に集まり、暮らしています。都市は日々、心地よく暮らし、活き活きと仕事をして、出会いや遊びや楽しみをもたらす場であってほしいと誰もが思っているでしょう。

　しかし実際には、こうした願いは適えられていません。暮らしは高くつき、長時間通勤で疲れ果てナイトライフどころではなく、道は車優先で歩きづらく、酷暑に悩まされ、緑も乏しく、木造家屋は地震火災に見舞われる可能性が極めて高いといった具合で、都市生活者の生活満足度は決して高くありません。より良い生活のために人びとが努力と工夫を重ね、官民一体で都市再生に本腰を入れ、建設・不動産業者も力を尽くしているのに、どうしてうまくいかないのでしょうか?

　調べていると、どうも迷信ともいうべき思い込みから制度的な枠組みができ上がり、利害が絡んで直せなくなっていることが原因に思われます。思い込みとは例えば以下のようなものです。

　　　・都心ほど地価が高いので、都心はオフィス街、郊外は
　　　　住宅街として同心円状に都市は構成するべきもの。
　　　・国土が狭いから、巨大な高層建築で

都市を構成しなければならない。

・お互いに迷惑にならないように、区域と建物を
　住居、商業、工業など用途で区分する。

・社会的再生産のために、夫婦と子どもからなる
　標準世帯を主として住宅を整える。

・理想は庭付き一戸建て。日本の気候では木の家が一番だ。

・道路は効率と安全のために車優先で整備しなければならない。

・道幅をとって沿道にビルを並べれば、延焼は止められる。

・生活保障は政府に任せておけばよい。

　こうした迷信の裏には、分け隔ての発想が隠れています。そして制度として固定され、迷信はやがて「子どもの遊び場がなくなった」「車がないと生活が成り立たない」など人々の身体行動を制約し、「結婚・マイホームで一人前」「単身男性には住宅ローンの審査が厳しい」「隣人の顔を知らない」「一流企業の都心のオフィスがいい」と人びとの価値観にまで沁み込んでいきます。そしてこの歪んだ制度の下では、それぞれが力を尽くすほど、著しい外部不経済と不公平がもたらされることになります。こうして

都市は自滅していきます。

　厄介な迷信を振り払うには、その論拠を見定めて、事実に基づいた分析によってこれを検証することです。現在の都市をかたちづくる建築類型を見出し、その制度的背景を探るといった解剖的手法。こうした制度がつくった都市が引き起こす、外部不経済を分析する病理研究。このような分析と江戸の都市モデルを照らし合わせることで、治療法、すなわち人間のための都市として再生させる手立てや制度のあり方も自ずから見えてきます。

　本書では、以上のような解剖・病理・モデル・治療といった観点から4つに章を分け、全部で40の問題と解答を用意しました。読み進めるうちに都市に関わるリテラシーを備えて迷信が振り払われ、人間のための都市、分け隔てのない社会という本筋に戻り制度が改められる助けになるのであれば幸いです。

COTENTS

TOPICS

第一章

いまの
都市のかたち…
どうして
こうなった？

　日本の大都市は、まるで無秩序です。

　東京や大阪、名古屋などの中心市街地でも、そのすぐ裏側には混沌とした風景が広がっています。空き家混じりの老朽木造戸建てや木賃アパートが密集しているかと思えば、背後には高層のビルやマンションが何棟も建ち並んで、視線を遮ります。街区内の生活道路は、宅地との境界線が凸凹で節々が狭く、引っ込んだ場所には原色の自動販売機が置か

れています。道路の上には、電線が蜘蛛の巣状に張り巡らされています。

　すこし離れた商店街では、一階は飲食店、上階が貸し事務所や住居といったペンシルビルが続きます。これらは魚屋や八百屋、精肉店が廃業したあと路面店が建て直されたものです。

　都心では、街区全体が大規模再開発され、複合ビルが何棟も並びます。その隣の街区では中小の雑居ビルが建ち並び、間にはコインパーキングが入ります。裏手には、外壁の切断面をトタンで塞いだ日本家屋が軒を連ねます。通りにはトラックや営業車が行き交い、その端には、ながらスマホのサラリーマンが黙々と歩いています。

　郊外では、もともとの敷地を細かく分割した分譲住宅が、隙間なく建て込んでいます。最近再開発された駅前には、スーパーや全国チェーンの飲食店や雑貨店など数十店舗が入る駅ビルと、25階建てのタワーマンションが聳えます。少し先には農地が広がり、脇にはアパートや月極駐車場が点在しています。

　日本の大都市は、一見、まとまりがありません。しかし生物の解剖のような視点で観察すると、実は都市組織も基本パーツとそれらの組み合わせとして捉えられます。そして基本パーツと組み合わせがパターン化される背景には、様々な制度的要因が働いています。いまの都市のかたちは、こうした制度の下で、主なプレーヤーたちが「首尾よく儲ける」「自分だけ損したくないので周りを真似る」という合理的な行動をとることで成立したと考えられます。

　この章では、こうした制度的要因を紐解いていきます。

1
**
戦後、
木造戸建てが
主流になった理由は？

 太平洋戦争の末期、日本の主要都市は米軍の無差別
爆撃を受けて数十万人もが犠牲となりました。そして東
京区部では市街地の約 50% に当たる約 70 万戸[*1]、大
阪市では 34 万戸、名古屋市では 13 万戸もの住宅が焼失します。焼け
出された市民や復員兵たちは、東京では被災地の外側 300m 圏、環状

戦後のバラック〈fig.1〉数百万人もの戦災者や外地からの引揚者は、住宅不足で戦災跡に仮小屋で暮らした

第七号線付近にトタンや焼け残りの木材などあり合わせの材料でバラックをつくり雨露をしのぎます〈fig.1〉。やがて、こうしたバラック群は鉄筋コンクリート造ではなく木造の戸建てに置き換わり*2、そのまま戦後日本の住宅は木造戸建てが主流となりました。

　このように都市住宅の主流となったのが、なぜ鉄筋コンクリートや鉄骨造ではなく木造の、そして集合住宅ではなく戸建てだったのでしょうか?

小規模宅地に木造戸建てが建ち並び、それが郊外へと広がる光景〈fig.2〉は敗戦から5年後、1950年頃につくられた建築基準法・住宅金融公庫・スギ植林といった制度がかたちづくったと言えます。

　これらの制度が設けられた当時の事情は、以下のようなものでした。

① 住宅不足: 空襲で約233万棟が焼失(うち大都市では約142万棟)、建物疎開で約60万棟もの住宅が取り壊されました。戦時中は住宅建設が手控えられたため、もともと約118万戸が不足していたところ、戦後においては引き揚げ世帯分の約63万戸を見込んで、政府は合わせて約420万戸の住宅が不足していると推定し、住宅の早期大量供給を優先課題としました*3。

② 衛生対策: 結核、コレラや腸チフスなどの伝染病が蔓延し、年に20万人前後の犠牲者が発生しており、長屋などの不衛生な環境の刷新が占領軍の課題となりました*4。そこで排水や換気、日照条件などの衛生面の単体規定を主とした建築基準法が1950年に定められます。

③ 世帯人数：ベビーブームが始まると、6人以上の世帯が全体の4割近くを占めました[*5]。こうした世帯人数を収容するため、一戸建てという建築類型が基本形とされました。

④ 物資不足：占領軍は日本が軍事行動に走らないよう、1930年代前半の経済水準に留める意向だったため、日本の経済復興はまったく期待できませんでした[*6]。経済統制が敷かれ、セメントや鉄、ガラスなどの建築資材も、生活用ではなく産業用に優先して配分されたため、民間自力建設のために建築資材としては闇市場から入手できる木材になりました[*7]。その後、1950年に造林臨時措置法を定め、この長期低利融資を受けて山林地主たちが一斉に建築資材としてスギの植林を開始しました。

⑤ 反共主義：戦後に制定された家賃統制令は、貸家経営を圧迫しました。最高税率90%もの累進的な財産税も重荷となり、戦災を逃れた家

郊外戸建て住宅団地〈fig.2〉大規模な住宅団地（概ね1,000戸・16ha以上）は1955年以降、2,866団地・約19.4万haが開発され、そのうち1,468団地は戸建て住宅のみの団地である（国土交通省「住宅団地の実態調査」2017年より）

主もその多くの貸家を借家人や新興の自営業者に売却します。これは戦前の経済集中を解体しながら、都市の無産階級（賃金労働者階級）を減らすことにつながり、労働者の共産化を恐れる GHQ には好都合なものでした。さらに住宅を所有することによる市民の保守化を期待し、GHQ の働き掛けによって 1950 年には長期固定低利で融資する住宅金融公庫が発足しました。

⑥ 計画不在：戦災復興都市計画案は、区部の人口を 350 万人に抑制し、区画整理と幹線道路網を整備、周縁に緑地帯を設けるものでしたが、緊縮財政の下でほとんど事業化はされませんでした。こうして都市計画や基本法が不在のまま、1950 年の朝鮮戦争の特需によって都市人口も急増し、なしくずしで住宅建設の郊外化が進展しました[*8]。

⑦ 担い手不足：集合住宅の建設によって住宅不足を解消しようと、1955 年に日本住宅公団が設立されます。当時、自治体は公営の共同住宅を開発・供給する財源に事欠き、民間でも分譲マンションは 1956 年になって初めて建設されたぐらいで、集合住宅建設の担い手は限られていました。そんななか公団は大量の団地を建設しますが、続々と開発されたニュータウンの場所は、もっぱら大都市の郊外に限られます。集合住宅は都市住宅という位置付けではありませんでした。

しかし、当時の経済社会状況にしても木造戸建て以外の選択肢がなかったわけではありません。1959 年の伊勢湾台風ののち、建築学会大会では「防火、耐風水害のための木造禁止」を決議していました。沖縄では台風の被害を軽減するため、戦後はコンクリートブロックによる住宅建設が主流となり、現在でも全住宅のうち非木造の割合は 96.4% に上

ります[*9]。

　台湾では住宅における木造のシェアは0.15%。中心は鉄筋コンクリート造の連棟式住宅、ないしはマンションです。同市の人口密度は1ha当たり約100人と東京よりも高いにも関わらず、世帯当たりの平均床面積は約33坪（約109㎡）[*10]もあります。

　同じく戦後の焼け跡から復興したドイツでは、社会住宅（低所得層向けの公的助成住宅）の入居予定者同士が構成した組合に対し長期低利融資を行い、都市部に鉄筋コンクリート造の集合住宅が続々と建設されていきました[*11]。

　ここで留意しておきたいのは、制度をつくるための前提となった問題のほとんどが、現在までに、次の通りすでに解消されていることです。

① について：住宅不足は1970年代には解消され、現在では6,242万戸のうち、実際に居住しているのは5,366万戸[*12]というほど供給過剰の状態です。

② について：医療衛生の発達で過去の感染症は克服されました。

③ について：平均世帯人数は2.5人を下回っています[*13]。

④ について：建設資材は、木材950万㎡だけでなく、生コンクリート8,800万㎥、普通鋼鋼材2,140万トンと十分に供給されています[*14]。

⑤ について：政治体制では、対米従属・自由主義を是とする自由民主党の長期安定政権が続きました。

⑥ について：都市計画法が1968年に制定されます。

⑦ について：民間事業者によるマンション供給も、最大年20万戸超ま

で普及し、ストックも 650 万戸以上となっています*15。

　戦後は余儀なくされた前提条件がこのようにいまではすべて覆っています。震災などによる都市火災の危険性が高いにも関わらず、この木造戸建て優遇政策がいまだに継続しているのは理解に苦しみます。

2
**

なぜ
木造住宅密集地域が
広がったままなのか？

東京では環状第六・七号線付近に広がる木造住宅密集地域において、M7.3の直下型地震が発生した場合、火災によって最大で死者2万3千人、建物は全壊・焼失合わせ65万棟もの大きな被害が想定されています[＊16]。

　東京都による木造住宅密集地域の定義は、「木造建物棟数比率70%以上、老朽木造建物棟数率30%以上、住宅戸数密度55世帯/ha以上、不燃領域60%未満」という指標すべてに該当する町丁です。その規模は、約240 ㎢(うち区部は約225 ㎢、市部は約150 ㎢)、と都区部総面積619 ㎢と比べてもその広大さがわかります[＊17]。この木造住宅密集地域内には約210万世帯が居住します〈fig.3〉。

　しかも、これらの木造家屋の半数は敷地面積100 ㎡未満と狭小で、道路に十分に面していない、または道路幅を確保するように後退していないなど違反建築が多数を占めています。そのため老朽化し築50年ほどが過ぎても、単独では建替えもできないのが現状です。阪神淡路大地震では神戸市長田区を中心に大規模火災が長時間続き、計7,500棟が焼損し、木造密集地域の災害危険性が現実のものとなりました[＊18]。

　このような木造密集地域はどのような要因により形成されたのでしょうか？

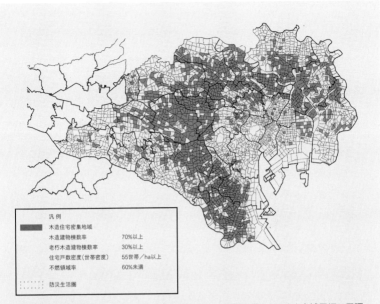

木造住宅密集地域の分布〈fig.3〉 東京大空襲以後、基盤整備もないまま市域周辺に円環状に木造密集地域が形成された。その内側は関東大震災後の帝都復興事業で区画整理がなされている

凡 例

木造住宅密集地域

木造建物棟数率	70%以上
老朽木造建物棟数率	30%以上
住宅戸数密度（世帯密度）	55世帯／ha以上
不燃領域率	60%未満

:::::::: 防災生活圏

木造が普及した理由は、まず鉄筋コンクリート造などの耐火造より工事費が安かったからと考えられます。現在でも鉄筋コンクリート造住宅の工事費が坪 110 万円であるのに対し、木造住宅では坪 55 万円とほぼ半分です[*19]。そして失火責任法（1899 年制定）によって、不注意の火災でまわりに延焼を及ぼしても、損害賠償義務を負担せずに済むのも割安の一因です。

そして違反建築が多く建替えが難しいのは、住環境を守るための規制とその運用が緩かったことが決定的な理由です。この規制の甘さについて、

さらに掘り下げてみましょう。

　高度経済成長期、都市部においては人口流入が進むとともに地価は高騰しました。多くの持ち家希望者にとって、予算の範囲で購入できる一戸建ての選択肢は都心周辺の狭小な住宅か、長時間の通勤を覚悟しての郊外の庭付き住宅を選ぶか、のほぼ二択でした。開発許可制度の目的が「良好かつ安全な市街地の形成と無秩序な市街化の防止」とされるように、行政でもミニ開発やバラ建ちの問題は強く認識されていました。しかし旺盛な住宅需要の前に、最低敷地面積、接道義務や完了検査などの規制を当局がお目こぼししたり、緩めたりすることが一般的になります。その結果、都心周辺では宅地が細分化されて木造密集地域が広がり、接道不足が黙認されたため法規違反で単独では建替え不可の老朽建物も数多く残されることになりました。こうした制度的要因の詳細は以下の通りです。

① 最低敷地面積－細分化の容認：開発許可制度により、大規模な宅地開発では幅員 6m 以上の道路整備や緑地・公園・広場の設置、公共施設等への土地の配分などが求められます。しかし敷地面積 500 ㎡を下回る開発ではその適用は受けません。これを補うために自治体によっては開発指導要綱を定めていますが、世田谷区でも最低敷地面積は 70 ㎡（建蔽率 60%）であり、ミニ開発の歯止めにはなっていないのが現状です。
② 接道義務－接道不足の黙認：建築基準法（1950 年制定）は、建築物の敷地は「道路」（同法第 42 条第 1 項各号列記の幅員 4m 以上の道路）に 2m 以上接することを義務付けています。
　しかし、それ以前の法律で認められていた細街路が広範に広がってい

たため、同条 2 項において、同法適用の際、現状で建築物が建ち並んでいる幅員 4m 未満の道でも特定行政庁の指定したものは「道路」と見なすこととなります。その代わり、建て直しなど新たに建設する際には、道路の中心線から原則 2m の後退を求めます。これを「2 項道路」と言いますが、増改築では道路後退をしないのが一般的です。

　さらに土地の状況によりやむを得ない場合は、特定行政庁は 2m 未満1.3m 以上の範囲内で別途、その後退距離を指定できます（同条 3 項）。この結果、表側区画でも、敷地に接する道路幅員が 4m に満たない区画が数多く残されました。中野区を例に取ると、接道要件を満たさない住戸は全戸数の 43% にも及んでいます。また従来の建築線制度（建築線とは、それより外に建築物が突出してはならない道路と敷地の境界線のこと）に代わって、建築基準法に道路位置指定制度が導入されました。これは土地を建築物の敷地として利用するため、設置する道として特定行政庁から位置指定を受けたものも、道路の一類型とするものです（同法 42 条 1 項 5 号）。この運用においては、行き止まりやコの字型・L字型の私道で公道に接続しているもの等が少なからず指定対象とされます〈fig.4〉。

　加えて、接道義務の但書規定（建築基準法第 43 条 1 項「建築物の敷地は、道路に二メートル以上接しなければならない。ただし、建築物の周囲に広い敷地があり、そのほかこれと同様の状況である場合に安全上支障がないときは、この限りではない。」）によって、接道条件を満たさない奥側の区画での住宅建築も容認されました。

③ 完了検査－違反建築の黙認：建築主には、確認申請を要する工事を完了したときは、建築主事の検査を申請する義務があります。検査の結果、適合すると建築主事から検査済証が交付されます。しかし、違反建築

位置指定道路を用いた宅地割りの事例〈fig.4〉 この地区では 2005 年には 3 か所で計 5 棟だった場所が、2016 年までに 27 区画 27 棟に細分化された

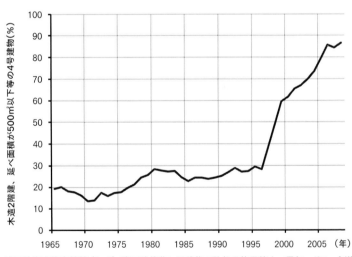

完了検査実施率推移〈fig.5〉 違反建築物には建物の除却や使用禁止、電気・ガス・水道の供給停止などの強制措置が執られるが、ほとんどの場合は黙認されていた

物が建ってしまえば、最終手段としての行政代執行には行政庁に多大な負担が掛かるので是正されるのは少数です。また違反者が呼び出しや是正命令に応じない、威圧的な態度を取る、違反が多すぎて現在の人員では手が回らない、という事情でなおざりにされるのが常でした。

　こうして「隣が許されているのに」「検査料3万円が高い」という建て主側の言い分を盾に、建売業者が完了検査を逃れ、2000年以前に完了検査を実施する率は3割前後という有様でした〈fig. 5〉[20]。そして条件の悪い区画でも居住面積をより多く取ろうとして、接道義務違反、建蔽率や容積率超過、斜線規制・高さ規制違反といった法規違反が横行し、法規通りなら再建築不可の住宅が多数を占めるようになります。

　こうした緩い規制やお目こぼしを背景に、宅地の細分化が進展します。

　1970年代には、第2次ベビーブームに合わせて、金融緩和による民間住宅金融の大幅拡充がなされます。旺盛な住宅需要に応じ、基準を満たさない、いわゆる二項道路の先であっても位置指定道路を開設し、敷地を細分化して建売分譲する事業が広く見られるようになります。

　それに伴って、但書規定を援用し、土地を表と奥の区画に分割、未接道の奥側に自己居住用の住宅を建てたのちに表側を売却、もしくは賃貸アパートを建ててしまう案件も増えます。賃貸アパートは同トイレ、風呂なし、灯りは裸電球といった住空間です。こうした木造賃貸アパートは老朽化してもなかなか建替えられず、現在、東京都区部だけでも長屋で約5万8,000戸、共同住宅で47万1,000戸を数えます[21]。さらに建築確認時点では長屋建築として適法に見せ掛け、完了検査を受けずに長屋を戸建てに分割する手法も横行しました[22]。

こうして 1974~79 年に密集低層住宅地（国土地理院による定義で、3畳・3 階以下の住宅用建物からなり、住宅 1 戸当たり 100 ㎡未満の敷地の住宅地が密集する住宅地をいう）は全 1238 町丁目のうち 581 町丁目と 46.9%にも達し[*23]、接道不良区画を大量に含む木造密集地域を残すことになりました。

　高度成長期以降も現在に至るまで、宅地分譲の際に区画を細分化する手法が一般化します。位置指定道路を通し、1 区画を 100 ㎡ほどに小さく割って木造戸建てを建売分譲する例です。

　たとえば、江戸川区のある地区では高度成長期に水田の一反開発によって市街地が形成されました。1 反は 1,000 ㎡に僅かに足りないので開発許可を逃れられます。脱法的に狭小住宅を隙間なく建て並べた結果、その平均敷地面積は 71.4 ㎡、接道する道路は幅員 4m 未満と基準を満たしていません。敷地面積 70 ㎡未満の独立住宅の実態は、建蔽率 61%・容積率 141%。本来の 50%・100%を超過して建設されています[*24]。

　こうした細分化が進展したために、東京都区部の個人宅地所有者の 1 人当たり宅地面積はずっと縮小傾向にあり、1973 年には 308 ㎡だったものが 2018 年には 171 ㎡にまで狭くなっています。そして個人宅地の所有者のうち 51.5% が宅地面積 100 ㎡未満（面積構成比 18.9%）になります。このうちの 12.7%（面積構成比 2.6%）が 50 ㎡未満と宅地が非常に細分化されていることがわかります〈fig.6〉[*25]。

　このように住環境を保つための規制に抜け穴があって運用も甘いとなると、開発逃れや違反建築などでうまく立ち回った人たちが得をします。一方で、きちんと決まりを守り、また景観や防火などまわりへの影響を考えた人た

ちが、土地提供や空間制約、高コストなどで割を食うことになります。

　こうして甘い規制とその運用が、違法・脱法行為を助長して、建替え困難な狭小木造家屋の密集地を残し、大規模火災などまわりへの外部不経済を招く結果になりました。これに対して建替え促進のために規制を緩和するのは、不公正をさらに重ねることになります。

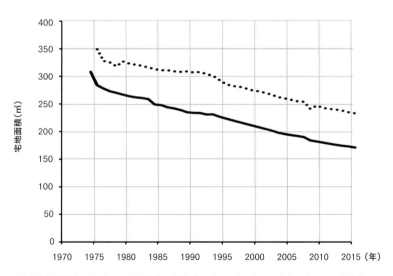

個人宅地所有者1人当たり宅地面積の推移〈fig.6〉日本で初めて売りに出された郊外住宅地の池田室町（1910年）では1区画約100坪。東京初の洗足田園都市（1922年）では分譲規模は574区画、27.9万㎡なので、道路等を除くと一区画約100坪だった

どうして沿道に、中高層ビルが壁のように建ち並ぶのだろうか？

**
3

都市部では、広めの道路が木造家屋の建て込む街区を横断し、その沿道には中高層ビルが連なる光景が当たり前のように見られます。まるでビルでその街区を囲い込むかのようです〈fig.7〉。

このような街区構造ができ上がった背景には、どのような考え方やルールがあったのでしょうか？

文京シビックセンター展望台より〈fig.7〉 白山通り沿い、向こう側の本郷通り沿いに中高層建物が盾のように並び、内側の木造戸建て等の低層住宅街を囲む

木造家屋群をビルと道路が囲む街区構成は、戦前の防空計画*26に由来しています。

　戦時中、軍需物資や資材は、街なかの小工場でも下請生産されていました。防空計画は、こうした小工場が空襲による延焼で全滅しないよう街区同士を空地で分断する、という発想で展開されます。空地をつくるため、戦時中は営業している商店や入居中の家屋も東京だけで約20万戸が強制撤去（建物疎開）されました。

　戦後も、この防空計画の発想が引き継がれました。周囲に広めの道路を巡らせ、沿道に耐火建造物を並べて焼け止まりにする、という発想が現在の都市計画です。この焼け止まりは延焼遮断帯と呼ばれます〈fig.8〉。こうして大都市の街区は木造家屋群を中高層建物が囲うかたちが基本になりました〈fig.9〉。

　しかし、このもともとの防空計画の発想は軍事工場を守るためのもので、市民の命を守るためのものではありません。街区を跨ぐような延焼を防げたとしても、火災が発生した街区内部では大規模な延焼に見舞われるのを容認しているわけですから。そして米軍の空襲で一帯が焼け野原になったように、建物疎開等で市民に多大な犠牲を強いたこの防空計画が役立たなかったことは明らかです。それにも関わらず、この発想に由来する都市計画法がいまだに施行され続けているのはおかしな話と言えます。

　街区内部の住民にとっては、街区内の大規模火災は黙認されるほか、周囲の中高層建物は日照や通風を遮り、裏手に住むにも表通りを歩くにも圧迫感を感じるものです。一方、沿道の地権者は労せずに中高層化が認

められるので、**オフィスビルやアパートなどの不動産経営で相当の賃料収入が得られる、という不公平**も生まれています。

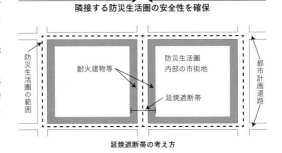

延焼遮断帯〈fig.8〉
市街地を一定のブロック（防災生活圏）で区切り、隣接ブロックに火災が燃え広がらないように、ブロック間に都市計画道路を整備して沿道に耐火造の中高層建物を並べる

延焼遮断帯の考え方

文京区都市計画図〈fig.9〉用途地域はマスタープランに基づき自治体が決定し、おおむね幹線道路沿いは準工業地域や商業地域として容積率300~400％、内側は第一種住居専用地域として容積率150％に指定される

4 ** 最近、タワーが どんどん建つのはなぜ？

東京では 50m を超えるような高層建物は、2003 年には 881 棟でしたが、そのわずか 10 年後には 1,869 棟まで 急増しています〈fig.10〉。

このようにタワーが急激に建ち始めたのはなぜでしょうか？

年	2003	2004	2005	2006	2007	2008	2009	2010	2011	2012	2013
全体（件）	881	977	1,125	1,264	1,394	1,498	1,586	1,638	1,712	1,798	1,869
共同住宅	312	385	491	581	679	746	788	822	853	917	968
共同住宅以外	569	592	634	683	715	752	800	818	859	881	901

高層の建築物（15 階建て以上）の推移（東京消防庁管内）〈fig.10〉30 階建て以上の建築物は 2003 年には 141 棟だったが、2013 年には 300 棟に倍増している

高層化は主に、2002 年に制定された都市再生特別措置法の効果です。

発端は中曽根政権による「民間活力」（政府・自治体に代わり民間部門の資本や経営によって大規模プロジェクトを実施すること）の導入です。もともとの民間活力を活かす理由は国鉄・健康保険・食糧管理制度の赤字

解消、特殊法人の整理・民営化、官業の民業圧迫排除が目的でした。この目的がいつの間にかすり替えられ、政府は民間活力の活用による都市再開発を企てます。そして建築規制を緩和しながら、司法研修所、公務員住宅、汐留や品川等の旧国鉄用地などの国有地を高値で売却しました。

　国鉄改革は、日本社会党の支持基盤である労働組合を解体する狙いもありました。当時は財政危機状態だったために、従来のようなばら撒き型公共事業は難しかったのですが、この民間活力は通達だけで容積率、高度制限などの規制を外すことができます。高層化すれば不動産、建設、建材、設備等の業者が数千億円規模で潤います。容積緩和は「空中利権」として業者向けの錬金術のようになっていきました。

　この方式を引き継ぐように、小泉純一郎首相は「都市の再生と土地の流動化を通じて都市の魅力と国際競争力を高めていく」として 2001 年内閣に都市再生本部を設置します。都市再生特別措置法（2002 年制定）は、この都市再生本部の立案に基づいて都市再生緊急整備地域（53 地域、計約 6,103ha）を指定しました。森ビルにより環状第二号線新橋・虎ノ門地区が虎ノ門ヒルズに、三菱地所等により大阪駅北地区（うめきた地区）が先行開発区域事業でグランフロント大阪に開発された事例が代表的です。

　「特別地区」に指定されると、用途規制や容積率、高さ制限、日影規制など、従来の都市計画が定めた規制をほぼ白紙にして、以下のような至れり尽くせりの優遇措置を受けられます。

① 容積緩和：たとえば、日本橋 2 丁目地区（東京都中央区）では容積率 800％・700％のところを 1,990％に引き上げ。大阪駅北地区（大阪市）では容積率 800％ のところ 1,600％に引き上げ。

② 道路の上空利用のための規制緩和：都市再生緊急整備地域では、道路の上空または路面下において、建築物等の建築または建設が可能。従来は道路斜線規制として、道路の日照や採光、通風に支障を来さないように、また周辺に圧迫感を与えないように、建築物の高さを規制していました。

③ 税制優遇：法人税・所得税では 25% 割増償却、不動産取得税 50% 減免、固定資産税・都市計画税は 5 年間 60% 減免。

④ 金融支援：民間都市開発推進機構が銀行融資よりリスクの高い融資・社債を引き受け。限度額は、「公共施設等整備費」または「総事業費の 50%」のいずれか少ない額。

⑤ 財政支援：対象は都市拠点インフラの整備、国際的ビジネス環境の整備とシティセールス、都市安全確保事業。

しかし、これらは本当に正しい措置だったのでしょうか? 国際的な都市としてオフィスを増やす必要があったともいわれましたが、それは妥当な判断だったのでしょうか。容積を緩和しなければ、都市空間は十分ではなかったのでしょうか。単に大手不動産業者への利益供与ではなかったのでしょうか。これらの疑問をデータで確認してみましょう。

まず、オフィス需要は長期的に縮小する、という見通しがあります。「オフィス需要＝1 人当たりオフィス面積×就業者人口」という式で算出できます。

このうち、1 人当たりオフィス面積は 2008 年の 4.02 ㎡から 2018 年の 3.85 ㎡と減少の傾向にあります〈fig.11〉[27]。就業者人口についても、東京都の将来予測によれば 2015 年の 658 万 9,000 人から 2035 年には 610 万 9,000 人と減少する見通しです[28]。〈fig.12〉

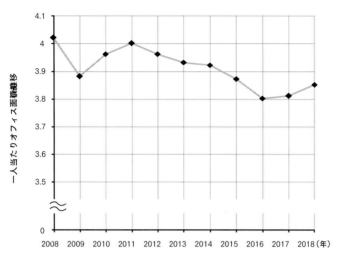

1人当たりオフィス面積推移〈fig.11〉新規テナントの1人当たりオフィス面積は3.34坪と、継続テナントの3.76坪を下回る

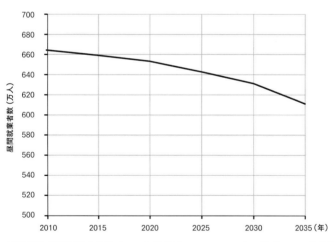

昼間就業者数予測（区部）〈fig.12〉職業別の2015〜35年の増減では、事務従事者22万6,000人減、販売従事者17万8,000人減、生産工程従事者6万人減と続く一方、増加はサービス職業従事者6万2,000人増、専門的・技術的職業従事者1万4,000人のみ。オフィスワーカーは10万人単位で減少する予測である

海外企業にとっての立地の魅力については「世界競争力年鑑 2019」[＊29]
を参照してみましょう。このリポートによると日本は 63 カ国中、教育 32 位、
社会的枠組み 31 位、制度的枠組み 24 位、ビジネス法制 31 位、総合順
位では 30 位です。シンガポール（1 位）、香港（2 位）とは大きく水を開けら
れ、中国（14 位）、台湾（16 位）、韓国（28 位）にも劣ります。既存業者を
守るような規制が多く、たとえばグーグルには著作権法、Uber には道路運
送法、Airbnb には旅館業法が適用されるため、日本ではそもそも起業が難
しく成長も見込めなかったでしょう。このように規制だらけで競争力に乏しい
環境のままでは、いくらオフィスをたくさん用意しても、海外企業が日本の大都
市に拠点を続々と求める、というような状態は望むべくもありません。

　市場が縮小する見通しにも関わらず、近年、虎ノ門から外苑、築地など都
内各所に超高層ビルが建設されています。2009 〜 18 年では毎年約 56
万 9,000 ㎡ずつ、2019 〜 22 年は毎年約 45 万 6,000 ㎡ずつ、この間に
合計約 751 万 1,000 ㎡の床が供給されました〈fig.13〉[＊30]。2007 年の
事務所床面積が 23 区合計で約 8,747 万 9,000 ㎡ですから、8.5% の
増分になります。縮小するオフィス市場に新規供給が増えると、周辺の中小
ビルに皺寄せがいくか、超高層の大型ビルにはフリーレント（入居後数カ月
の家賃を無料とする契約形態）でも大口テナントが付かなくなるか、という状
態に陥ります。

　次に指摘されるのは「日本は土地が狭いから、建物を高くして」といった
主張とは裏腹に、もともと都市部の容積率は余っている、という事実です。都
区部全体では、現在でも指定平均容積率は 257% が認められています。
しかし実際の概算容積率は 161% であり、利用可能な都市空間のうち
63% 足らずの充足率でしか利用していないことになります。この充足率は、

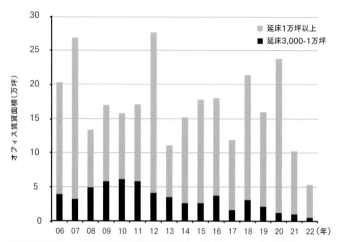

東京23区オフィス新規供給量推移(賃貸面積)〈fig.13〉2009～22年で累積287万2,000坪、1人当たりオフィス面積で換算するとこの間247万人分の新規オフィスが供給されたことになる

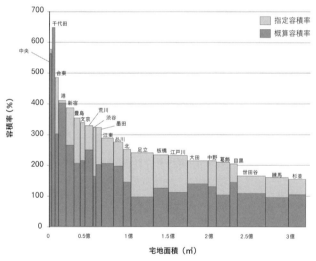

指定容積率と概算容積率〈fig.14〉指定容積率は都市計画で定められた容積率の最高限度、概算容積率は実際に使用された容積率で建物延床面積÷宅地総面積として求められる。横軸は区別の宅地総面積を示し、この図では長方形の面積で建物延床面積の上限と実際を表し、その差が利用可能な都市空間となる

渋谷区で76.2%、新宿区で67.5%、文京区で63.5%といった水準にあるように、全体から見れば、容積緩和をしなくても都市再生は十分に可能です〈fig.14〉[31]。

　充足率をいっぱいに利用している区部は、千代田区（115.7%）、中央区（100.7%）、港区（98.9%）があり、これらの地区では、高層化は限界に達しています。したがって、この地区の大手地権者が資産差益を得ようとするなら、政治力を駆使し都市再生を名目に容積緩和を認めてもらうのが得策です。さらにリスクのある融資も引き受けてもらえ、一帯の都市インフラの整備に予算措置も付き、税負担も半分ほどになるのですから結構なことです。地域指定により容積率が倍に緩和され高層化が可能になれば、土地の資産価値は倍になり、その区域の土地所有はまさに濡れ手に粟です。2002年に制定された都市再生緊急整備地域における平均地価水準は、指定前の2001年の179万6,000円/㎡から、2011年には250万6,000円/㎡へと急騰しました。地域全体が約9,092万㎡ですから、地価総額163兆円が10年後には228兆円まで増加し、区域の土地所有者は65兆円ものキャピタルゲインを得たことになります[32]。

　大型再開発は巨額の工事受注を見込めるため、建設会社にも好都合となります。都市再生緊急整備地域における建設投資額は2002～11年で7兆円、2012~16年では8.2兆円と試算されています。スーパーゼネコン各社の年間売上が1~1.4兆円ですから、どれほど業績に貢献したのかはよくわかります。

　新国立競技場の計画を口実に、周辺の高さ規制を緩和した外苑前の再開発も同様の手口です。2002年に立件された業際研事件で明るみに出ましたが、公共工事等で口利きをした政治家には工事費の3~5%が現金と

して手渡されるのが田中角栄首相以来の慣行だそうです。さて地区指定や規制緩和等で、こうした口利きをした政治家にはいったい何がもたらされるのか、ちょっと想像してみましょう。

　そもそも公共政策とは「広く遍く公平に」を原則とするものです。都市再生特別措置法のように特定の地権者や業者に限って膨大な利益を与える、というのではまるで逆をいっています。そして一連の高層化は都心の一極集中を増長し、労働者の通勤疲労を強い、また周辺に圧迫感や暑苦しさといったタワー公害をもたらします。通勤の社会的費用だけでも、丸の内・大手町地区だけで年間430億円、現在の価値にして約1兆円もの外部不経済が起こると試算されていました[*33]。こうした高層化に伴う外部不経済については、第2章で詳しく見ていきましょう。

5
*

どれだけ道路を整備しても、渋滞がなくならないのはなぜだろうか？

東京都区部の都市計画道路は、35% の未整備分を合わせると合計 1,767 kmともなり、この道路投資には毎年 3,000 億円強もの税金が充てられています[34]。このように莫大な金額を投資し整備を続けているにも関わらず、一向に渋滞が解消する気配はありません。なぜなのかその理由を考えてみましょう〈fig.15, 16〉。

東京都区部における都市計画道路の整備方針（第3次事業化計画）〈fig.15〉濃い線は 2013 年度末の完成個所。東京都区部の都市計画道路は 35% の未整備分を合わせると合計 1,767km。この道路投資に毎年 3,000 億円強が充てられる[35]

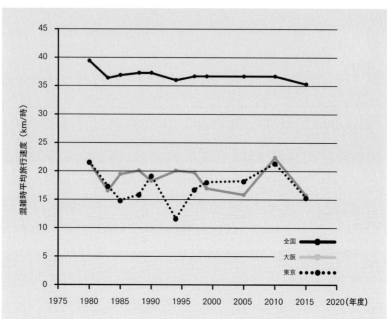

混雑時平均旅行速度（km/ 時）〈fig.16〉2015 年でも東京の混雑時平均旅行速度は一般国道で 15.3km/ 時、高速道路では 35.3km/ 時である。自転車の走行速度よりも遅い* 36

道路を整備しても渋滞がなくならないのは、「誘発需要」があるためです。

　誘発需要とはたとえば「医者が増えれば患者も増える」といったように「供給が増えるほど人々がそれをもっと欲しがる」という現象です。道路が広がると、便利になることを期待して車の利用が増え、結局は以前と混雑度合いは変わらなくなってしまいます。この道路の誘発需要は欧米では半世紀前から注目され、カナダ・トロント大学のマシュー・ターナーとアメリカ・ペンシ

ルヴァニア大学のジャイルズ・デュラントンによって実証されていました[*37]。

　東京都内では、4割以上の自動車オーナーは渋滞を予想して平日に週1日も乗らないし、乗ったとしても3割が30分以内しか乗らない、といったように利用を控えています〈fig.17〉[*38]。統計では都内の乗用車保有台数は265万4,110台[*39]、年間走行距離は257億7,100km[*40]です。平均時速を15.3㎞/時とするとのべ走行時間は16億8,400時間。したがって、乗用車1台当たりの年間走行時間は635時間、1日当たり1時間40分強となります。このように渋滞を予想して自動車利用を控えている人びとが大多数ですから、道路が整備されるとその分、利用が増えるのはものの道理です。

　誘発需要が渋滞の原因なのであれば、逆に道路を減らしてみたらどうなるでしょうか？　そんな疑問に答えてくれた例がソウルにあります。ソウル市

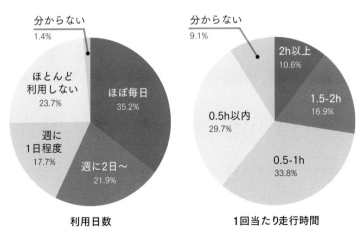

利用日数　　　　　　　　　1回当たり走行時間

自動車利用の実態（平日、東京）〈fig.17〉自動車を「所有している」と答えた人（全体の52%、8年前は60%）への質問。ちなみに利用目的は「買い物・食事」76%、「遊び・行楽」61%

内ではかつて、暗渠とされていた清渓川の上に幅 50 ～ 80 m、長さ 6 km に及ぶ一般道と、その上方には高架の高速道路が敷かれ、1 日平均 16 万 8,000 台の車が往来していました。しかし老朽化と悪臭を前に、市は高架撤去を決断し、河川を復元して歩廊を整備しました〈fig.18〉。撤去後には、道路を廃止したにも関わらず、バス網整備や道路マネジメント等の効果も相まって交通量は減少し、旅行速度は向上しました。このように「渋滞を減らすには、道路を減らせばいい」という逆説的な結果が確認されました[41]。

　誘発需要があるにも関わらず、大都市でも道路をつくりたがる日本。その事情をおいおい掘り下げてみましょう。

清渓川〈fig.18〉

6

*

道路が町境なのは、
当たり前なのか？

下図〈fig.19〉は、東京・大阪・京都の都心部の旧市街
地を例に取って、町境と道路網を抽出し、等尺で揃えた地
図です。それぞれの町境の特徴を違いを挙げてみましょ
う。

東京都中央区
面積：10.21㎢　町丁数：98 町丁　人口：14 万 1,000 人　町丁当たり人口：1,438 人

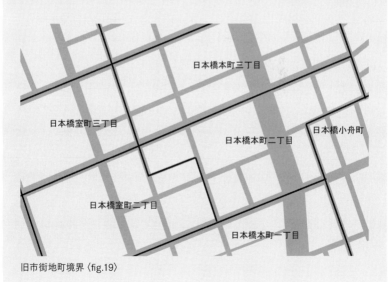

日本橋本町三丁目

日本橋室町三丁目

日本橋本町二丁目

日本橋小舟町

日本橋室町二丁目

日本橋本町一丁目

旧市街地町境界〈fig.19〉

大阪市中央区
面積：8.87㎢　町丁数：186町丁　人口：10万1,000人　町丁当たり人口：543人

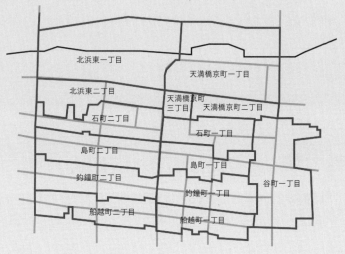

北浜東一丁目
天満橋京町一丁目
北浜東二丁目
天満橋京町三丁目
天満橋京町二丁目
石町二丁目
石町一丁目
島町二丁目
島町一丁目
釣鐘町二丁目
谷町一丁目
釣鐘町一丁目
船越町二丁目
船越町一丁目

京都市中京区
面積：7.41㎢　町丁数：498町　町丁数：10万9,000人　町丁当たり人口：219人

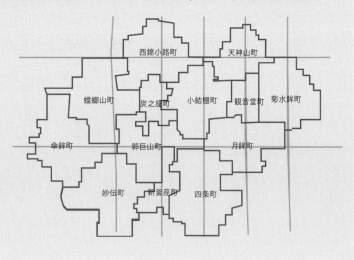

西錦小路町
天神山町
蟷螂山町
炭之座町
小結棚町
観音堂町
菊水鉾町
傘鉾町
郭巨山町
月鉾町
妙伝町
新釜座町
四条町

東京では道路が町境となる街廊型で規模も大きいですが、大阪・京都では町が道を挟む路線型（両側町）となり、京都は規模が小さくなっています。

　現在では道路が町境であるのが当たり前のように思われていますが、江戸時代では両側町（通りを挟んだ両側の町並みが1つの町内をつくる形式）が基本でした。表通りに2層の町家、裏は平屋の長屋。いずれも連棟式で、表通りから横丁、路地裏といった街路構成に対応して配置されていました。この町割りは初期の江戸幕府によって与えられ、町人の自治に委ねることで成立していました。

　この両側町は昭和前期までは町割りの基本とされていました（土地区画整理事業の要綱などによる）。道を挟んだコミュニケーションやまちづくりがしやすいから、という理由だったことが公文書の記録にも残されています。現在でも京都の中心市街地ではこの両側町が主流で、方形の街区の中にX字状に町界線が走っています。この街路というオープンスペースを介した

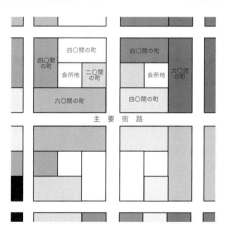

江戸の町割り〈fig.20〉江戸の町は、道を挟んだ間口60間×奥行20間(1間約1.8m)の長方形の地所の向い合せで構成された。町家の間口、さらに畳、襖、障子などの寸法単位もこの一間の単位で統一され、転居先に一式をそのまま嵌め込んだ

「町」の空間的なまとまりは、祇園祭を支える町衆のコミュニティ形成に深く関わってきたとされます〈fig.20〉[42]。

　東京で両側町の路線型から街区型に転換された原因は、1962年に施行された住居表示法でした。この法律では街区型と路線型の両方が認められていましたが、実際には河川や道路など恒久的な公的施設で分け隔てる街区型を優先させていました。街区型と路線型が混在すると境界の線引きが難しくなります。このときに旧町名も新町名に切り替わり、「両側町では町の境界が凸凹する」「町丁の番号が連続しない」「旧来の町割り・町名は封建的」などの理由で町丁の区分も路線型から街区型に再編されました。政治家たちは後進国に思われないように、東京五輪前に欧米式にしたかったのだそうです。この過程で、狭域の町は広域の町に統合され、町割り・町名は再編されました。これは町の人びとの歴史や連帯感といったアイデンティティを奪うもので、東京でも目白、下落合、佃島、三崎町、下落合など各地で訴訟や反対運動が起こったほどです[43]。

　そして街区型への転換に決定的だったのが1960年の道路交通法です。交通事故を防止するという目的で道路を車のものとし、人間を隅に追いやることになってしまいました。両側町であれば、人びとが通り向かいの店と行ったり来たりして買い回る。それが便利で賑わいもでき商店街も繁盛するのですが、街区型では幹線道路の両側は分断され、買い回りには不便になります。道路交通法によれば道路は「通行のためのもの」。道路は国や都、市や区といった行政機関の所有となり、その管理も町の人々の手から警察の手に委ねられます。道路では、子どもが遊ぶ、大勢が立ち止まる、椅子をおいて寛ぐ、仮設店舗を並べる、といった行為は認められません。商圏の中心軸にあった商店街も、真ん中に幹線道路が通ると買い物客は気軽に両側

を横断できないため商圏は半分になり、やがて廃れます。対照的に、京都の錦市場や寺町京極商店街、伏見の大手筋商店街などは車両通行を制限して現在でも賑わっています。

　冒頭の地図でも一目瞭然ですが、町丁当たりの平均面積は、東京は大阪の2倍、京都の7倍と大粒になっていることがわかります。京都の1町当たりの平均人数は220人。ダンバー数（人間が安定的な社会関係を維持できるとされる人数の認知的な上限）の150人＊44,45 は上回っていますが、これくらいであれば「あんたはんと仕事したらつうつうですわ」「夜遅くまでおやかまっさんでした」といった世間話も交わせます。そしてこの町を単位として祇園祭の山鉾を運営しているので、仲間意識も育ちます。両側町で通りが中心となっているため、出入りにはみんなの目も届きます。ですからお互いに様子はそれとなくわかるし、共有空間では節度ある振る舞いにもなります。町家で壁も共有していますから、住宅の維持にもお互いの協力は欠かせません。

　繰り返しゲーム理論＊46 が示すように、利己的な人たち同士でもお互いに協力し合う関係が保たれることがあります。その条件は、付き合いが長期にわたること、お互いの取った行動を完全に見ることができること、なまけると評判を落とすことなどです。目先の利益を優先してズルをしたり怠けたりすると、長い目では評判を落として仲間から外れ、お互いの協力で得られるものが失われるというデメリットがあるからです。京都の町のような規模と両側町の構造は、長期的関係、完全観測、誘因といった協力関係を成り立たせる条件を満足させていることがわかります。こうした協力関係が、東京のような千人規模の町丁単位や道路で隔てられた街区をもつ都市構造でも、果たして成り立つものでしょうか。

7
**
東京が一極集中になったのはなぜ？

世界主要都市のなかでも、東京や大阪の単極中心性はジャカルタ、パリと並んで際立っています。一方でソウル、ロンドン、ニューヨークなどは多極化し、香港、バーミンガムなどは分散しています。また人口密度ではダッカ、カイロ、香港は粗密の差が大きいのに対し、ウィーンやバーミンガム、ブエノスアイレスは万遍なく、東京やパリ、ロンドン、ニューヨークはそれらの中間で緩やかです[＊47]。

こうした都市構造の違いは、主にどのような要因で生まれるのでしょうか？

上記のような都市構造の違いは「モビリティ」の違いによって生じると考えられます。つまり都市内交通手段が徒歩、自転車、車といったランダム型か、鉄道のような一括型かによるというわけです。

この様子を確かめるために、都市圏の成長を「頂点コピーモデル」で表現してみます。頂点コピーモデルとは、新たに点が加わるとき、既存の点をランダムに選び、その既存の点の枝を確率 p でコピーし、確率 (1-p) でラン

一極型
p=0.8, r=2.25
鉄道など、大勢の人びとが近傍の起
点から終点までほぼ同一のモビリティ
を利用する場合

分極型
p=0.6, r=2.66
自動車など大勢の人びとが共通の交
通網に従って、起点から終点まで個
別のモビリティを利用する場合

多極型
p=0.4, r=3.5
徒歩、自転車など大勢の人びとがめい
めいに起点から終点まで個別のモビリ
ティを利用する場合

都市構造〈fig.21〉鉄道が移動の主体のときは、ほかの人たちと発着が近い場所になりや
すいため、一極集中型の都市構造になる。一方、徒歩や自転車などが移動の主体のときは、
発着場所がまちまちで多極分散型の都市構造が形成される

ダムにほかの点とつなぐ、というルールで生成されるネットワークのことです。このネットワークは、次数、つまり点につながる線の数の分布とすると、べき数γのべき分布になることが知られています。

このネットワークモデルを都市構造に置き換えると〈fig.21〉、新たに開発された区画に暮らす人は、既存の区画の人の移動先を確率 p でコピーし、確率 (1-p) でランダムに選んだ区画と行き来する、というものになります。前頁のネットワーク図は、左から p=0.8、0.6、0.4 として点が 3,000 個になるまで成長させたものです。p=0.8 のように大量輸送網を利用することで大勢の人が同じ移動先を選ぶ場合は、一極集中の都市構造が形成されます。一方、p=0.4 のように車や徒歩などで行先があまり縛られない場合は、中心市街地が寂れる分散型の都市構造になります。これらの中間、p=0.6 のようにバス、路面電車などの近距離輸送網が中心のときは、多極型になっていきます。このように都市構造はモビリティによって決定的な影響を受けることがわかります。

ここで、東京を含む世界の諸都市の交通手段分担率を比較してみましょう。次頁の図〈fig.22〉[48] はどこからどこへ、どのような交通手段で人が動いたかを割合で示したもので、東京では鉄道が 48% と半数を占めることがわかります。日本の大都市では、鉄道網という一括大量輸送機関が、人びとの移動を高い確率で同化させ、中心と周辺といった一極集中型の都市構造を成長させているのです。

そこには日本独特の大手私鉄の存在があります。阪急電鉄（株）の小林一三氏が構想した事業モデルは、大手私鉄が路線を延長する際に、その情報を元に予定地周辺の用地を買収、路線の宅地開発で利益を得るというものでした。この事業モデルが鉄道網と郊外の拡大による一極集中を促

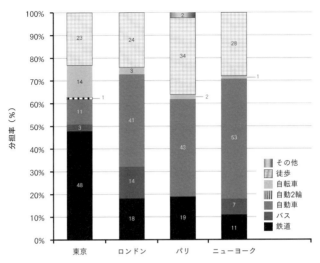

交通手段分担率比較〈fig.22〉人がある目的をもって、ある地点からある地点へと移動する単位をトリップという。交通手段分担率は、ある交通手段のトリップ数の全交通手段のトリップ数に占める割合である

したと考えられます。東京急行の多摩田園都市構想を調べると1953年の川崎市宮前地区の土地買収価格は100円/㎡ほどでしたが、1970年頃には路線開通の思惑によって1000~2000円/㎡を記録します。

　政府は東京圏の膨張を抑えるため1953年に首都圏整備法を制定し、首都圏近郊にグリーンベルト（緑地帯）を設定、開発を原則禁止します。多摩田園都市構想である多摩川西南新都市計画の大部分の地域は、このグリーンベルトに掛かりました。しかし人口・税収増を望む周辺自治体、土地差益を望む住民たちの反対によって、グリーンベルト計画は日の目を見ませんでした。

　鉄道網と郊外が拡大するなか、より良い働き先や娯楽などの都市集積の

利益を求め多くの人々が大都市に流入しました。1954~73年の20年間で
その数は東京圏では582万人、大阪圏では236万人、名古屋圏では69
万人にも上ります。こうした人々は、まず都心周辺の木造賃貸アパートに暮ら
し始め、やがて家族が増えるとともに所得に見合う住宅を求めて、沿線開発
された郊外住宅地に吸収されていきました。

　こうした一極集中は著しい職住分離をもたらしました。都心では地価が
高騰し、その賃料に見合うようなオフィスビルが集積します。その結果、東京
では昼間人口が夜間人口の6倍以上にもなりました。昼夜間人口がほぼ
同等、職住近接でナイトライフが充実しているパリ、ニューヨークとは対照的

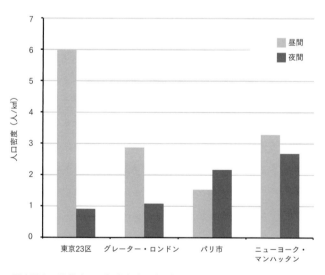

昼夜間人口比較〈fig.23〉各都市の中心部の比較。中心部の面積は、東京42㎢、ロンド
ン47㎢、パリ105㎢、ニューヨーク61㎢

です〈fig.23〉。

　通勤時間に 1 時間以上を掛ける人々の割合は、東京圏では 55.0%、大阪圏では 45.3%＊49 を占めます。通勤に取られて生活時間は減り、満員電車で通勤疲労も嵩みます。

　また、オフィスの稼働時間を平日の 8 時間とすると、夜間・休日を含めた全体の 3/4 の時間は使われていない計算になり、都心の空間をかなり無駄遣いしていることになります。

　人びとに時間の余裕を与えず、都心の飲食店には休日に休業させざるを得ない都市構造では、都心のナイトライフもなかなか発達しないのは仕方がありません。

8
***

大都市が
現在のかたちになったのは、
業者の目先の利益のため？

日本の大都市圏では下の写真〈fig.24〉のような光景が、都心からその周辺、郊外、辺縁へと広がっています。

一見して多様で複雑な都市景観ですが、その構成原理を簡潔に記述してみましょう。

大都市圏の都市風景〈fig.24〉都心の高層ビル街（左上）、都心周辺の木造密集地域（左下）、郊外は戸建て（右上）、辺縁は山裾に宅地（右下）、と都市光景は鉄道網に沿って同心円状に移り変わる

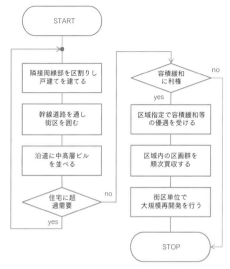

都市構成のフローチャート <fig.25> 住宅取得の予算制約から郊外へと宅地開発が進んで都市圏が膨張し、建設・不動産業者の開発利益のために容積緩和に伴う都心部再開発と高層化に歯止めが掛からない

　放射状の鉄道網を郊外へと延伸する、近郊から次々と土地を細分化して木造家屋を建てる、都心は街区沿道さらに街区全体を高層する、といったように日本の大都市の構成原理は単純なアルゴリズムで記述することができます。いずれも関連業者の利益に適った行動で、政策や規制もこれを後押ししたために定着しました〈fig.25〉。

　左のブロックに表された流れは、宅地の郊外化に伴い、都市圏に果てしない拡大をもたらしました。その背景には、開発利益を求めて鉄道網を拡大させる大手私鉄、より良い仕事や生活を求め地方から大都市圏に移動する人々、農地解放や宅地開放で手にした土地をより高く売ろうとする地主層、

割安な木造で住宅を建設する建設業者、沿道に中高層ビルを建てて賃料収入を増やしたい地権者層などの利益に適った行動です。

　右のブロックは、主に2000年代以降の都市再生制度によって展開されてきました。この背景にも、容積緩和を受けてビルを高層・複合化し賃料収入を増やしたい大手不動産会社、その建設需要を期待する大手建設会社、見栄えのいい建物で人材を確保しフェーストゥフェースで耳寄りな情報を求める企業群などの利益に結び付きます。このような利益が見込める限り、宅地の郊外化に伴う都市圏の拡大、さらにタワーの林立による一極集中に歯止めが掛からず、写真のような都市光景がこれからも果てしなく再生産されるでしょう。

　しかしこの都市の膨張には、著しい経済外部性を伴います[* 50]。経済外部性とは、取引相手ではない人や企業に直接の影響を及ぼすものを指し、公害や騒音、日照権の侵害などが典型的なものです。このうち公害など他人に被害を与えるものは外部不経済、果樹園の傍の養蜂業や整った街並みのように他人に利益を与えるものは外部経済と呼ばれます。外部不経済は、公害を例に取ると、発生源となる工場が公害防止設備など対策に投じるべきコストを十分に支払わないため起こります。そして、工場が公害対策費をきちんと負担するときよりもコストが割安になるため供給が過大になってしまいます。目先の利益を優先し、公害対策費のような社会的費用を支払わないことで、公害を増長させてしまうことになります。

　都市は経済外部性の塊です。都市集積が進んでいくのは、まわりにより魅力的な人びとや会社が集まり、より良い生活環境ができる、などの外部経済があるためです。その反面、都市集積は、混雑やヒートアイランド、災害などの外部不経済を伴います。強制火災保険や混雑税、絶対高さ規制など

適切な税や規制などで応分の社会的費用が課されなければ、開発業者としては、ミニ開発や高層化などが最善の経営戦略となります。サッカーではオフサイドが反則なため、オフサイドトラップを掛けるように、プレーヤーはゲームのルールに応じて最善を尽くすものです。しかしその結果として、まわりの人びとや企業に混雑や酷暑、集団火災、景観阻害などの被害を与えてしまい、その被害は企業の本来の負担よりもずっと過大になります。企業が与えられたルールの下で利潤を追求するのは当然のこと。したがって、企業が目先の利益を追うために生じる外部不経済を抑えるには、性急な企業批判ではなく、都市のかたちをつくるもともとのゲームのルールから見直すべきなのでしょう。

　この深刻な都市の外部不経済問題について、次の第二章ではより詳しく見ていきます。

TOPICS
東京五輪に公益性はあるのか？

　2020年夏季に予定されていた東京五輪が延期になりました。この機に五輪の社会的意義を公共性、経済性、都市性の観点から見直してみましょう。

公共性

　まず五輪の誘致から施設整備、運営に国や都が数兆円もの公費を投入していますが、その根拠となるべき公共性について検討しましょう。

　公共財は、経済学の用語でいうところの非競合性と非排除性の著しいものを指します。非競合性とは、自分が利用することでも他人の利用が減らないという性質です。非排除性は、特定の人の利用を排除することが難しいという性質です。空気、自然環境、感染病対策、安全保障などはそのような例に当たります。

　公共財は、非競合性があるので占有権を与えられません。非排除性があるので、ただ乗りがあります。このため市場が成り立たたず、ただ乗りが横行して供給不足になり皆が困ります。そうならないように政府が機能し、ただ乗りにされないように皆から税金を取って、皆の限界評価の総和が公共財の限界費用に等しくなるまで公共財を供給するというのが取るべき基本的な姿勢となります。

しかし五輪は公共財ではありません。観る側にとっては、供給されるチケットには限りがありますし、出場する側にとっても代表になれるのはごく一握りで著しく高い競合性があります。テレビで視聴するだけであれば、北京でもリオで開かれた五輪であっても、参加できます。マラソンを沿道で応援する、というのも非競合性が大きく、観衆として比較的参加しやすいものでした。しかしこれは札幌開催に変更されてしまいました。また当たり前のことですが、チケットも代表権も特定の人を排除するのは容易です。よって五輪は公共財ではなく、むしろ私的財なのです。

　端的に言うと、東京五輪は海外で観戦するのと比べ渡航費や滞在費が相当に省けるために、チケットが当選した人たちにとってはオトク、というくらいのものです。チケットに応募しなかった人、抽選で当たらなかった人たちにとっては、もっぱら国税や都税を負担して、当選した人たちが海外より割安で新築の競技場で観戦できるように所得を移転したということになります。代表選手たちにも強化予算100億円が当てられるそうですが、全体の五輪予算3兆円からすればダシぐらいに過ぎません。

　そもそも五輪はあくまで非営利団体による私的事業です。国際連合や赤十字などとは性格は異なります。その意味では、五輪はコミックマーケットと同じなのです。ちなみに石原慎太郎氏が都知事時代に、なぜオリンピックを招致するのかという理念を問われ、「理念なんかどうにでもつくれる」「オリンピックを招致する意義は国威発揚のため。日本人はもっと自信をもつべきだ」(2006年5月14日、フジテレビ「報道2001」に出演した際の発言)と回答したように、公共性の観点は当初からありませんでした。

　公共財でもない五輪に、国や都がここまで財政負担する意義はあるのでしょうか？

経済性

「これね、あんまり言いたくないんだけど、オリンピックってね、儲かるんです。どうやったってね3兆円儲かる。経済効果で」(石原都知事、2008年10月2日、五輪開催都市決定1年前イベントでの発言)

　しかし大会施設は儲かるどころか、負の遺産となるでしょう。新国立競技場は維持管理費が年間24億円、建設費1,529億円の減価償却費が50年償却で年間約30.6億円と、年間計54億円もの赤字が見込まれます。屋根なしスタジアムの高収益イベントの開催日数は平均でたった年5日、どのように採算を取るのでしょうか。国立競技場に限らず、大会後は施設容量が過剰になり、投資の5~7倍もの運用・維持修繕費等を賄うのも容易ではありません。ツケは誰が払うのでしょうか。

　五輪を機に有効な都市整備を実践した例も多々あります。北京、アテネ、ロンドンでは不足した交通インフラなどを整備し、バルセロナ、ロンドンでは都市再生プロジェクトを展開し、都市経済を発展させました。東京であれば、雨水と汚水を1本の管で河川から海に流すという合流式下水道を、分流式に付け替える事業が有効な案だと思われます。お台場のトライアスロン会場で基準値を超える大腸菌が検出されて問題になりましたが、その原因は都区部の80%を占めるという合流式下水道にありました。これを機に分流式に付け替えられれば公共の福祉に則る公益性を得ることができたでしょう。しかし大腸菌対策は水中スクリーンの設置でその場をしのぐぐらいで、インフラ整備の議論にもなっていません。

　地域への経済効果も検証してみましょう。舛添要一元都知事も引用していましたが、日本銀行が発表した試算*1では、10兆円規模という関連建設投資の増加や訪日外人の消費拡大などにより、2026~32年に累積

25〜30兆円のGDP押し上げ効果が期待できるとしていました。しかしこの試算の仮定は、①五輪を契機にしたTPPや規制改革等で生産性が高まること、②五輪後も失速せずに観光客の数や滞在日数が増加すること、③30万人近くもの建設労働力不足に対応して海外の建設労働力を活かすこと、でした。

　残念ながら①についての規制緩和の対象はカジノや武器輸出ばかりで、③については海外の建設労働力は活かせず、公共工事設計労務単価が2012年に1万3,072円/日だったのが2019年には1万9,392円/日と約5割も高騰し、民間工事にもしわ寄せがいくというのが実態でした。土木を除く建設投資が年30兆円*2とすると、年々10兆円近くの工事費が割り増しになったため、GDP効果は相殺されたと考えられます。

都市性

　国立競技場一帯は、1912年の明治天皇崩御の翌年以降、明治神宮内苑から外苑、表参道、裏参道まで一体の鎮魂と再生の場として計画され、代々木の鎮守の森、明治神宮神殿、外苑の公園、聖徳記念絵画館などが置かれました。これらは皇居から東宮御所、新宿御苑、代々木公園とともに都心における大規模緑地を形成し、1926年に風致地区の第1号に指定されました。地区景観を守るために、都が1970年に条例で設けた高さ制限は15mでした。また絵画館と銀杏並木を主役とした景観は、東京都の景観誘導区域に指定され、青山通りとの交差点から見通したときに、絵画館の背後の建物はその影に隠れることが求められていました。

　それが2013年6月、一部の高さ制限が80mに引き上げられます。既存の国立競技場は老朽化が著しく、8万人を収容するために全天候型の

スタジアムが改築できるようにというのが建前です。8万人には根拠はなく、既存改修でも対処できたはずです。この高さ制限の緩和があらかじめ織り込まれ、2012年7月に日本スポーツ振興センター（JSC）が新国立競技場の設計案を募集したとき、設計要項ではすでに高さの上限は70mとされていました。

　地権者の資産差益については、新聞報道でも、「高さ制限の緩和は、JSCなどのスポーツ施設をもつ団体や、伊藤忠商事や三井不動産、明治神宮といった地権者にとって福音だった。高層化によって、土地面積当たりの収益性が高まるからだ。容積そのものが売買の対象になるため、競技施設を新設する費用を生みだすこともできる」[*3]と指摘されています。

　こうして高さ規制の緩和後の2年間に着工・完成した50m超のビルは4棟。五輪後には、さらに200mに迫るビル2棟も建つ計画です。明治神宮とJSCが、伊藤忠や三井不動産に空中権を売却して表参道に面したビルを高層化するとの予想もあります[*4]。こうした大規模高層開発は、一帯の景観や緑地を損なうとともに、ヒートアイランド現象、混雑現象を引き起こすと考えられます。

　1世紀もの間、先人たちが大事につくりあげてきた都市景観や緑地帯を、わずか2週間ほどのイベントを口実に、もっぱら少数の地権者が潤う大規模再開発によって損なうことが果たして都民の総意だったといえるでしょうか？

本来の姿

　このような観点から考えると、今回の東京には社会的意義は見出せません。本来はどのような姿にすべきだったのでしょうか？

公共性の意義は平和構築に見出すことができます。その意味でオリンピック憲章の2「人間の尊厳の保持に重きを置く平和な社会の推進を目指すために、人類の調和の取れた発展にスポーツを役立てることである」を尊重すべきだと思います。この五輪精神を踏まえるのなら誘致前には人間の尊厳の保持に重きをおく国際人権条約の批准等を済ませておきたいところです。

　具体的には、個人通報制度関連の議定書（国際人権条約で保障された権利を侵害された者が、国内で裁判などの救済手続を尽くしてもなお権利が回復されない場合に、人権条約機関に直接救済の申立てができる手続）の導入、性・障害・国籍等に関する包括的な差別禁止法、移住労働者権利条約、国内人権機構の設立、拷問等禁止条約選択議定書、ジェノサイド条約、国際組織犯罪防止条約、人身取引議定書などです。

　また平和な社会を推進する理念に沿うならば、国際紛争に関する和平会議を東京で開催する、核兵器禁止条約を署名・批准する、武器輸出3原則を遵守する、法令で侵略戦争美化を法令で禁じる、歴史認識と戦争責任を明らかにする、といったことも望まれます。2017年以来、関東大震災の朝鮮人犠牲者追悼式への都知事の追悼文送付が中止されていますが、これは五輪精神とは相いれないのではないでしょうか。もっともこうした観点からすると、東京よりも広島・長崎がふさわしいかもしれません。

　経済性については独立採算で、政治的介入を避けた組織委員会を構成する必要があります。そのリーダーにはマネジメント能力が求められ、84年ロス五輪に倣うと「起業経験と国際性を備えたスポーツ好きの40〜55歳の東京在住者」を探すべきでしょう。公費負担の根拠となる公共性も乏しいので、「公の金は1セントたりとも使わない。病院や教会とも競合したくないか

ら寄付も取らない（ピーター・ユベロス）」として、民間の資本と運営の下で経費削減に努める体制を取ります。この体制であれば、既存施設や仮設施設を活かすのは当然です。横浜スタジアムや埼玉スタジアムも含め、東京圏で考えれば十分に対処できるでしょう。ちなみに競技場施設に占める既存施設や仮設施設の割合は、ロサンゼルスは 97％、パリも 93％ としています。

　都市性を尊重するうえでは、公正で透明な公的意思決定過程を確立することが不可欠です。五輪の招致も市民の総意が必要でした。2012 年の IOC の調査では、招致賛成の割合は、マドリッドが 78％、イスタンブールが 74％。東京は 47％[5] と 3 都市のなかで最低でした。

　公正で透明な公的意思決定過程を尊重するためには、①地区詳細計画に変更があれば市民たちがその是非をレファレンダムで審査する、②公的資金のない私的な建築計画でも事業者側がテストプランを用意して視覚的・空間的な影響を示す、③市民たちがこの計画の是非をレファランダムで審査する、といった過程が必要となります。公共建築においては、①事業主体側で規模・機能・公費負担などを織り込んだプログラムを準備し、②これをレファレンダムに掛ける、③可決されれば設計要項として具体化して公開設計競技・審査を行う、④この審査結果もレファレンダムに掛ける、⑤工事も競争入札で審査・決定する、⑥解体・撤去も市民と設計者の同意を必要とする、というプロセスになります。これらは成熟した市民社会には不可欠の仕組みです[6]。

　以上のように五輪を東京で開催するのであれば、国際人権条例の批准および平和構築への貢献、独立採算のための民間主体の組織委員会の

設立と運営、公的意思決定過程の確立、を揃えることが必要条件だと考えられます。これらを満足させることができそうもない都市が誘致し、利権まみれで放漫財政の政府の介入を許してしまっているのが現状ですから、それこそ五輪は再開発のダシ、放漫経営でツケは将来に回る、という羽目になるのは当然かもしれません。

第二章

都市が
壊れる・・・
このままで
長続きするのか？

　私たちの社会は、仕組みがもたらす歪みによって自滅してきました。歪みは以下の病理を進行させ、社会を機能不全に陥れます。

① 公害のように第三者に深刻な不利益が及ぶとき（外部不経済）

② 大事な資源が著しく無駄遣いをされるとき（非効率性）

③ 独り占めでズルが横行するとき（独占）

④ 極端な不公平が生じるとき（不公平）

古代日本に遡ると、平城京は飛鳥朝廷が周縁部の共有地管理の仕組みをもたなかったため、薪炭用に森林が乱伐され保水力を失い、大雨の度に奈良盆地が冠水して排泄物などが滞留し疫病が蔓延した結果、外部不経済により遷都されました[*1]。

ローマ帝国では分割統治が自滅をもたらしました。大土地所有者と軍隊が結託し、植民地支配と徴税で潤う体制の下、輸入代替で没落した自作農は「パンとサーカス」で飼い馴らしました。しかし独占と不公平が綻び享楽に耽るうちに財政難に陥り、通貨改悪と属州への追加課税に走ります。この結果、インフレが下層民の不安を募らせ、重税への反乱が相次ぎ、衰退しました[*2]。

近代では、公共事業の仕組みが地域経済を非効率に陥れています。アメリカ合衆国のニューディール政策の象徴、テネシー川流域開発公社がその元祖です。公的資金で 32 の多目的ダムを建設し水力発電で地域を潤す計画により、当初は建設需要や化学肥料、アルミ精錬等の工場誘致などで潤います。しかし雇用は一時的で、補助金依存のまま貧困が続きます。ダムの非効率性が電力不足を招き、石炭火力発電による排煙や瓦礫がダムともども農地や森林を蝕みました。結局、爆薬武器や原爆の製造拠点と化し、軍需とともに縮小します[*3]。

現在の日本の大都市も、①大火災やタワー公害、②空間の無駄遣い、③開発利権の独占、④土地資産格差といった問題が深刻です。本章ではこうした問題が、都市をつくる枠組み自体に巣食い、従来の対策が通用せず、このままで自滅を招きかねないことを確かめていきます。

9
**

木造密集地域での
地震火災は
どれくらい危険なのか？

火災の危険性について、東京都は「地震に関する地域危険度測定調査（第8回）」（2018年2月）にて火災危険度の指標を公表しています。中野区大和町地区を例に挙げると、2丁目・3丁目の火災危険度は最高ランク5、町丁単位の順位では58位/76位とされています。ただ、このランキング指標では実際に大規模火災に見舞われる確率がどれほどなのかはわかりません。

この確率をどのような方法で求めたらいいでしょうか？

集団火災を発生させる範囲の木造家屋群の棟数を数え、その中で一棟も出火しない確率を計算し、その逆を求める方法を取ります。

まず木造家屋が延焼を及ぼし合う範囲を地図に描きます。その距離は概ね、裸木造12m、防火造6m、準耐火造3m、耐火造0m。大規模火災のときはこれに1.5を乗じた距離となります。次に延焼限界距離内

にある建物同士を線で結びます。こうしてできたネットワーク図を延焼過程ネットワークと呼びます[*4]。この大和町の延焼過程ネットワークを調べると、お互いに延焼を及ぼし合う距離にある木造家屋は 3,215 棟であることがわかります。ここで大地震の際の火災発生確率を 0.075%とおきます[*5]〈fig.26,27,28〉。

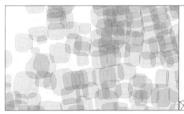

木造家屋の延焼限界距離圏〈fig.26〉地図上の木造家屋ごとに延焼限界距離の範囲を描く

延焼過程ネットワーク〈fig.27〉延焼限界距離の範囲が重なる建物同士を線で結び、ネットワークを描く。建物相互に延焼を及ぼす・受ける状態を示す

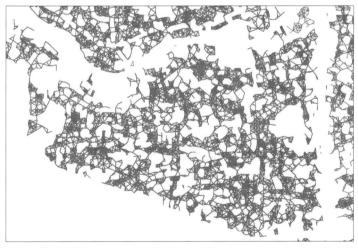

大和町の延焼過程ネットワーク〈fig.28〉中野区大和町一帯について、以上の作業を進めて延焼過程ネットワークを描く。このネットワーク内のいずれの家屋が出火すると、ネットワーク全体に延焼が及ぶ恐れがある

このネットワークの3,215棟のうち1棟から1カ所でも出火すると、全体に延焼が広がります。どこも出火しない確率は、(1－0.00075)^{3215}ですから、大規模火災が起こる確率は、1－(1－0.00075)^{3215}=0.91という計算になります。つまり、大地震が起きた場合にこの地区一帯に火災が広がる確率は約90%に及びます。延焼の広がる速度はシミュレーションによれば1時間で600~700棟にも及び[*6]、とても消火活動で対応できるものではありません〈fig.29〉。

　この延焼過程ネットワークを東京都区部全体で描いてみましょう〈fig.30〉。濃色で塗られた部分は、とくに火災危険性の高い上位50地域（焼失確率83.5%以上、連結成分内2,400棟以上）です。約20年前の木造密集地域、環状第七号線よりも外側に広がっています。地域内にある木造家屋棟数は最大8,900棟に上ります。
　これら上位50の木造密集地域の焼失確率は5時台で51～93%、

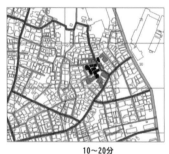

10～20分　　　　　　　　　50～60分

延焼シミュレーションを用いた着火・焼失家屋計測〈fig.29〉地区中心から出火後、10～20分（右）、50～60分（左）の着火・焼失家屋の分布を示す。ちなみに2016年4月に発生した新宿区の木造密集地域における4棟の火災では、覚知から17分後にポンプ車20台を含む43台の消防車が出場したが、鎮火したのは5時間59分だった

17 〜 18 時台で 84~100% になります。大規模火災は同時に数十カ所に多発する恐れがあり、焼失棟数の予想値合計は 23 区内において 42 万 4,000 棟に上ります。犠牲者も数万人規模になりかねません。

　地震火災に脆弱なのは東京だけではありません。国土交通省が定義する「地震時等に著しく危険な密集市街地」に限っても、東京都区部 113 地区 1,683ha、横浜市 23 地区 660ha、大阪府 11 地区 2,243ha、京都市 11 地区 357ha と全国主要都市に広がっています。

東京都区部全体の延焼過程ネットワーク〈fig.30〉地図上で濃く塗られた火災危険度のとくに高い地区は、天沼・荻窪、本木、大泉、関原、桜台、祖師谷といった外環部に当たり、その大半は東京都による火災危険度 5 の地区には該当していない

10
**

猛暑日が増えたのはなぜ？

気象庁では最高気温が30℃を超えた日を真夏日、35℃を超えた日を「猛暑日」と呼んでいます。猛暑日には熱中症も起きやすくなり、救急搬送も急増します。2019年夏には熱中症による死者数は都区部で101名にも及びました[*7]。東京ではこの猛暑日が10日を超える年が2010年までは1995年だけだったのです

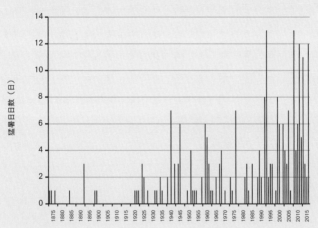

年間猛暑日日数推移〈fig.31〉20世紀では、猛暑日は多くて年に数日くらいだった。ちなみに真夏日については、2010年以降は年平均55日を数える

が、2010年以降は5年もありました[8]〈fig.31〉。日本の大都市の夏は、命に危険が及ぶほど暑いものとなってしまいました。かつては「夕涼み」として、風呂上りに浴衣を着て花火に興じる、縁台で将棋を指す、といった習慣があったのですが、これも死語になりそうです。

このような猛暑日は、どうして最近こんなに増えたのでしょうか？

 猛暑となる理由は、高層ビル群が壁面の上昇気流で上空の海風を遮り、さらに人工排熱を放出するためです。

地球温暖化の影響も指摘されますが、この100年では世界で0.6℃の上昇にも関わらず、東京では3.2℃もの上昇が報告されています[9]。東京の気温上昇は、建物が地表を覆い、舗道が太陽熱を帯びることにも起因しますが、これだけでは猛暑日の急増の説明には十分ではありません。

まず高層ビルは、上空を吹く海風による冷却効果を妨げています。1883年には山の手台地の奥まで、地上高度42.5mにて風速5m/秒以上の強い海風が水平方向に流入していました。一方、2006年では沿岸に高層ビルが建ち並び、壁面の輻射熱による上昇気流と相まって上空の海風を遮り、地上部でも全域が弱風化（1m/秒弱）しました。都心の風環境は、高層ビル脇の局所的な強風域（8m/秒弱）とこの弱風域の両極端に分かれています[10]〈fig.32〉。

そして都区部の排熱量のうち、**オフィスビル**の排熱はその36.9%（地域冷暖房含む）を占めます。次に自動車25.1%、戸建て8.3%、清掃工場7.9%、火力発電所6.3%、工場5.8%、集合住宅5.4%と続きます[11]。

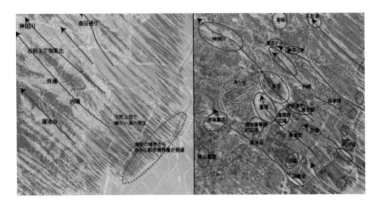

高度 42.5m の水平方向風速〈fig.32〉。左は 1883 年、右は 2006 年。1883 年の平均気温は 33.8℃、台地の低密地区まで水平の風が流入し、平均 2.2m/ 秒、最大風速 4m/ 秒以上、気温も約 33℃だった。一方、2006 年の平均気温は 35.4℃、谷地・低地の中高層地区では平均風速約 1.0m/ 秒、最大風速約 2.6m/ 秒、平均気温約 36℃、最高気温は 38℃を超えた

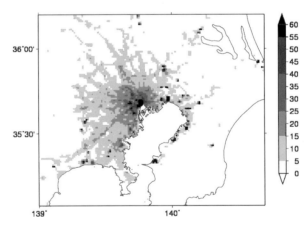

人工排熱分布図（年間平均、W/㎡）〈fig.33〉業務ビルからの人工排熱量（東京 23 区）は、日照を壁面で蓄熱した顕熱が 469.6TJ/ 日、空調機器の冷却塔などの潜熱が 190.2 TJ/ 日、排水等で 22.6 TJ/ 日とされる（国土交通省・環境省「2003 年度都市における人工排熱抑制によるヒートアイランド対策調査報告書」2004 年 3 月）。容積緩和で高層化されると、その割合に応じて顕熱も増加しヒートアイランド現象を引き起こすことがわかる

東京地域で受け取る年間平均日射量は約130W/㎡ですが、都心部では前頁下〈fig.33〉の黒色の地区のように太陽光の半分以上ものエネルギーを建物などが排出しています[*12]。

　この結果、市谷・神楽坂エリアなどは気温が3.1~5.2℃上昇し、風速は1.5~4.5m/秒も減少しています[*13]。1886年に気温30℃、湿度75%、風速4.5m/秒だったときには、体感温度は25.4℃でした。そこから気温が5.2℃上がり、風が止められたとすると、体感温度は32.9℃。以前より7.5℃も暑くなったと感じさせられます。東京の8月の平均気温が28.4℃、避暑地として知られる長野・軽井沢では20.5℃ですから、首都を夕涼みの楽しめた昔のような状態に戻そうとするのなら、東京から軽井沢に移転せざるを得ないぐらいの違いがあることになります。

　この酷暑被害を円に換算してみましょう。東京の総生産額は、2018年度には108兆2,000億円になります[*14]。仮に猛暑日が10日あり、冷房中止などでその間の生産性が5割落ちたとすると、高層化で酷暑日が増加したことによる経済損失は、年間約1兆5,000億円にも相当します。社会割引率（公共事業などの便益の将来価値を現在の価値に割り引くときの利率）を4%とすると、この被害が将来にわたり及ぼす被害額の現在の価値は37兆円と試算されます。都内の気流シミュレーションでは風の道は地上50m超で一定の流れを形成しています[*15]。高さ50m以上とは、だいたい15階以上の建物に当たります。該当する建物は都区部で1,904棟[*16]もありますから、それら高層ビルは1棟当たり平均で約200億円規模の損失を与えていることになります。

　大都市の高層化は遮風と排熱により、居られないほどの過酷な暑さをもたらし、深刻な外部不経済を生むことがわかります。

11
***　高層ビルの圧迫感は、
金額換算してどれくらいの
不利益を与えているか？

高層の建物は広々とした空を閉ざし、まわりの人たちに重苦しく見下ろされるような気分を与え、目障りでもあります。京都タワーのように、地元の人々が暗黙のうちに高い建物を建てず大事にしてきた街並みを壊すような例もあります。こうした建築計画に対して、数々の近隣紛争が生じてきました。このような圧迫感は心理的な指標では主観的なものとして捉えられますが、建物の高さや形状、距離、周囲の建物群などの物理的な指標から、定量的に評価する研究が80年代から続けられています。

こうして蓄積された学術的研究に基づき、超高層ビルの圧迫感が周辺の地価に与える外部不経済を円に換算してみましょう。高さ日本一という虎ノ門・麻布台プロジェクトのメインタワーでは、その圧迫感が周辺の地価に与える影響は、果たしていくらになるでしょうか？

数値モデルとしては、以下の条件を設定します。

・高さ日本一という虎ノ門・麻布台プロジェクトのメインタ

ワーを例に取り、高さ 325m、幅 125m の建物を想定します。

・敷地外では建物から 310m 離れたところまで人びとが圧迫感を受けるとします。なお敷地内は半径 140m とします。

▷ 圧迫感＝ 2.401 ＋ 2.197 × log（形態率）＋ 1.667 × log（アスペクト比）で計算され、4 以上が圧迫感を受けます[*17]。

▷ 形態率は、視界に占める建物を水平面に投影した面積割合となります[*18]〈fig.34〉。

▷ アスペクト比は、矩形における長辺と短辺の比率になります。

▷この建物の場合、圧迫感が 4 以上となるのは、半径 320m 以内の範囲となります。

・形態率 1% ごとに、都心区の住宅街ではこの建物の東側でおおよそ 1,500 円 /㎡ 分も地価が下がります[*19]。したがって 300 ㎡の宅地の場合、周囲の高層建物の形態率が 10% であれば、450 万円（＝ 1,500 円 / ㎡ × 300 ㎡ × 10%）相当の土地資産の損失を被ります。

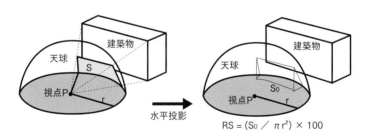

$$RS = (S_0 / \pi r^2) \times 100$$

形態率の定義〈fig.34〉形態率は天空遮蔽率ともいわれ、建築物の水平面立体角投射率を示す。具体的には魚眼レンズで天空写真を撮影したときの画面に占める建築物の面積比であり、眺望や圧迫感の代理指標として用いられる

・近似的に、形態率＝ 29.88 × e$^{-0.008 \times 建物からの距離}$として計算します。

・この形態率の近似式について、x＝建物からの距離、r ＝－ 0.008 とします。影響を受ける範囲は同心円状になりますから、メインタワーから圧迫感を受け、地価が下がる影響を半径 320m まで順次試算すると、計算式は以下となります。

$$損失総額 = 1,500 \times 29.88 \times \int_{140}^{320} \pi \times {}^2 e^{rx} dx$$

・これに部分積分法を用いると、計算式は以下となります。

$$損失総額 = 1,500 \times 29.88 \times \pi \times \left\{ \frac{1}{r} x^2 e^{rx} - x e^{rx} + e^{rx} \right\}_{140}^{320}$$

　これを計算すると、このタワー 1 棟で、周辺の土地資産におおよそ 268 億円もの含み損を与えることになります。

　都内の高さ 50m 以上の高層建物（10 階建て以上が相当）は、2001 年には 1 万 1,892 棟だったものが 2016 年には 2 万 564 棟にまで増えています。虎ノ門・麻布台プロジェクトの試算を当てはめると、これらの約 2 万棟の高層建物による圧迫感は都内全体で約 30 兆円規模の経済損失になります。

　このように高層建物の圧迫感は経済価値でも表されますが、心理的にも街の人々は快く思っていません。根津の将来像についてのアンケート調査（2006 年）[20]〈fig.35〉では、施設面において希望することは「歩行者優先道路・買い物道路の整備」45.1%、「下町情緒を残す文化・歴史ある建物の改修・保存」45.7%、「現在の路地空間を活かす」36.1%。建物面

での希望は「日照などに配慮したあまり高い建物を建てさせない」48.7％でした。人間のための人間にちょうどいいスケール感の街並みを望んでいることが見て取れます。また「火災や地震に強い建物を建てる」が38.2％もあり、現在の木造密集地域の危険性も十分に認識されていることがわかります。対照的に「土地の有効活用のために中・高層化を進める」は、5.0％に過ぎません。

　大規模再開発による高層化は、町の人びとからは嫌悪され、一帯の地価を大幅に下げます。それでも文京区はこの根津地区の建物高さについて、

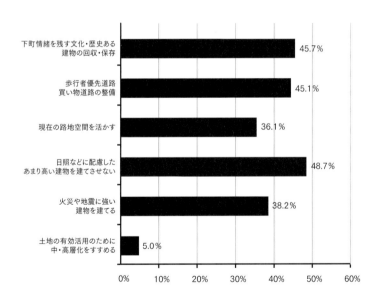

根津の将来像についてのアンケート調査（2006年）〈fig.35〉現在、文京区のホームページではこの調査結果は目次のみで結果は掲載されていない。この次の第1回地権者アンケート（2014年）では、「土地の有効活用のために中・高層化を進める」「日照などに配慮したあまり高い建物を建てさせない」という項目は見当たらない

不忍通り沿いの商業地では46m（15階建程度）、言問・藍染大通り沿いの商業地で24m（8階建程度）、住宅地でも14m（4階建程度）を上限とする、という従来の延焼遮断帯の発想のままの中高層化の地区計画案をまとめています＊21〈fig.36〉。裏にはいったいどんな事情があるのでしょうか。

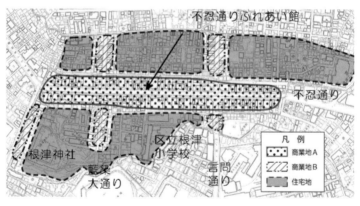

根津1・2丁目のまちづくりの区分〈fig.36〉「根津1・2丁目のまちの特徴をふまえて、3つの区分を設定しました。地区計画のルールの設定は、下図の地区区分ごとに検討していきます」（第1回地権者アンケートの結果）として、延焼遮断帯の考え方に基づく従来の都市計画を継承している。ちなみに、同アンケートの配布数2,198票、回収数359票、回収率16%である

***** 地域のつながりが
失われることの不利益は？**

 大都市に暮らす人々の約半数が「地域のつながりは重
要」だと思っていることが総務省によるアンケート調査でわ
かりました。それにも関わらず「最寄りにどんな人が住んで
いるか知っているか」という問いには、「ほとんど知らない」「2〜3世帯ぐらいは

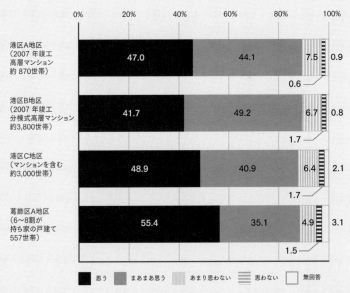

都市部のコミュニティに関するアンケート調査「地域のつながりは重要と思うか」〈fig.37〉

知っている」と答える人の割合が地区によっては9割以上にも及ぶのが実態です＊22〈fig.37,38〉。こうした地域のつながりの希薄化は、心身にどれほどの影響を及ぼすものでしょうか。

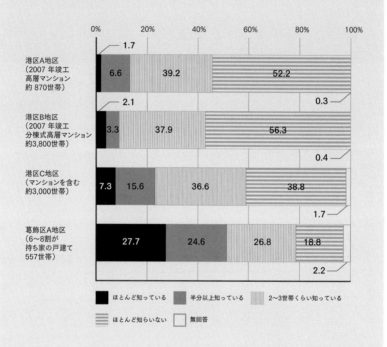

都市部のコミュニティに関するアンケート調査「最寄りにどんな人が住んでいるか知っているか」〈fig.38〉

地域のつながりといった社会関係資本に関して近年、統計的な分析が進められ、心身へ影響が以下のように明らかにされています。

幸福感の形成

・地域住民への信頼感が増すと主観的な健康感が改善する。ほとんどすべての人を信頼する人はオッズ比 3.71、半分程度の人を信用する人は同 2.85、少数を信用する人は同 2.08、信用する人は誰もいないは同 1.0 [23]。

・主体的に人間関係をつくり、居心地のいいグループに多く属するほど人生満足度が増す [24]。

・所得（標準化係数 0.091）や学歴（同 0.015）よりも健康（同 0.377）や人間関係（同 0.13）、自己決定性（同 0.128）が幸福感に強い影響を与える。

・幸福感は自己決定性などの前向き志向（相関係数 0.413）と健康等への不安感（相関係数 -0.619）によって形成される [25]。

健康状態の維持

・市民参加が高い地域に居住している高齢者は、歯の喪失リスクが 7%程度低い [26]。

・社会的凝集性の高い地域では、世帯構成が抑うつ傾向に及ぼす影響が弱まる [27]。

認知症の抑止

・配偶者・同居家族・友人・グループ参加・就労は、それぞれ認知症発症リスクを 11〜17%低下させる。

・これら 5 つの社会関係を有していると認知症発症リスクが 46%減少する [28]。

要介護リスクの軽減

・孤立傾向にある高齢者は平均より 1.3〜1.8 倍程度、要介護状態へ至り

やすい[29]。

・他者との交流頻度は週 1 回未満からが要介護リスクになる[30]・1 人で頻繁にスポーツをしている群よりも、頻度は少ないがスポーツの会に所属している群のほうが要介護リスクは低い[31]。

・女性高齢者の間では、「一般的に人は信用できない」という意見が 1% 高い地域に居住していると、その後 1.7 倍程度要介護認定に至りやすい[32]。

死亡リスクの低減

・社会的孤立などにより他者との交流が乏しく、月 1 回未満になると死亡リスクにもなる[33]。

・男女ともに同居者がいる「孤食」は死亡リスクを上昇させる[34]

　社会的つながりは、このように心身の健康に重大な影響を与えています。「健康」というとまず医療行為が頭に浮かびますが、意外にもこのように社会的な関わりが、歯の喪失、鬱や認知症、運動機能低下を抑えて、人びとの幸福感を増すことは注目されます。そして社会的な関わりがもたらす互恵性を実感するのと同等の幸福感を得る（5 段階評価の 1 ポイントを上げる）には、所得を 1,539 万円高める必要があると推計されています[35]。道路や空地で分断された都市空間が、大都市圏 1,000 万の人々のこうした地域のつながりを損なっているとすると、総計で約 154 兆円の所得に相当する社会的費用が生じていることになります。アリストテレスが著書『政治学』で述べたように「人間はその本性においてポリス的動物である」として、「人びとはより善いと思うものを目指して共同体（デモス）をつくり、おのおのポリスに関与していくもの」という通りなのかもしれません。

13
*

標準世帯って何？

家計調査では、「標準世帯」を「夫婦と子ども2人の4人で構成される世帯のうち、有業者が世帯主1人だけの世帯に限定したものである」と定義しています。こうした標準世帯向けに次頁〈fig.39〉のように大区画を細分化した戸建て群や幹線道路沿いの郊外マンションなどが4LDKのプランを中心に開発されています。

　この標準世帯の4人世帯は1980年には世帯数全体の25.8%を占めていました。今は何%になるでしょうか？

現在、この標準世帯に該当するのは全体の14.1%。とても「標準」とは言えなくなっています。

　ちなみに建築基準法制定の3年後（1953年）では6人以上の世帯が38.9%ありましたから、約半世紀の間に劇的に変化したのがわかります[*36]〈fig.40〉。このような標準世帯の考え方は、1967年の住宅対策審議会基本問題部会に提出された「適正な住居水準についての中間報告」、いわゆる本城提案にて居住水準が定められたところから始まります。戦後日本の

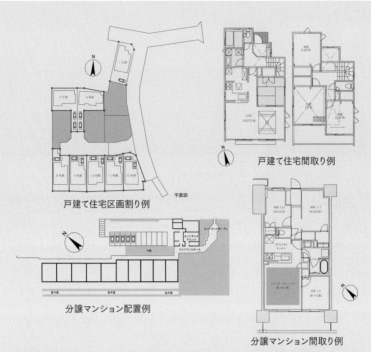

戸建て住宅間取り例

戸建て住宅区画割り例

平面図

分譲マンション配置例

分譲マンション間取り例

標準世帯向けの住宅例〈fig.39〉3LDK は 1967 年に公団によって標準設計化されたのち、1975 年頃にサラリーマンと専業主婦の組み合わせと「子は理想としても現実としても 2 人」という意識が定着した。こうして夫婦の寝室と各子どもの個室、テレビ中心の家庭団欒のためのリビング、ダイニング・キッチンという 3LDK の間取りが一般的になったとされる

　住宅政策は、当初は住宅建設五箇年計画を軸として量的な住宅難の解消に走り、ひと段落すると次は居住水準の向上が主要な課題となりました[*37]。

　こうした状況を踏まえ、本城提案では食寝・就寝分離を原則とした世帯規模に対応する住宅規模の水準が考えられ、平均水準として LDK システム（4 人世帯では 3LDK）を採用し、最低水準として DK システム（4 人世帯では 3DK）といったような 2 段階の基準が示されました。

しかし現在の世帯構成で大勢となるのは1人暮らし、2人暮らしです。こうなると標準世帯向けの戸建てやマンションでは部屋数や広さをもて余します。子どもが独立した後、2階や子ども部屋は物置きという例もよく耳にします。こうした空家を仮に賃貸に出そうとしても、需要の多くは1人暮らし、2人暮らしなので供給過剰になるのは仕方がありません。

　このようにいわゆる「標準プラン」は、現代の1人2人中心の世帯構成には合わず、戸建ては大火災や空間利用阻害などの深刻な外部不経済をもたらす建築類型になってしまいました。一方で沿道マンションもまた、街区内の日照や通風、眺望などの環境を悪化させます。すでに1人暮らし、2人暮らしが大勢なのですから、標準世帯向けの木造戸建てや沿道マンションは建築類型としては時代遅れで、外部不経済が大きいばかりなのではないでしょうか。

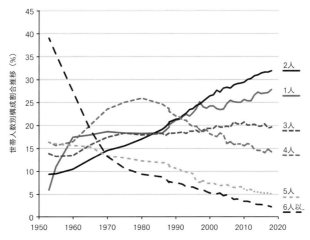

世帯人数別構成割合推移（%）〈fig.40〉1980年、4人世帯は25.8％と最高値を示した。
2018年では、1人世帯27.7％、2人世帯31.8％を占めている

14
**　延焼遮断帯は
本当に防災に役立つのか？

中野区大和町を例に取って調べてみましょう。この地区では延焼遮断帯により、中心の道路幅員を 6m から 16m に、延長 710m にわたって拡幅し、その沿道 30m の区域に不燃化促進事業が実施されます[*38]。3,215 棟だった延焼過程ネットワークに含まれる木造棟数は、事業完了後は道路東側 1,473 棟、西側 1,469 棟と分かれます。

火災発生確率を 0.0075% としたとき、延焼遮断帯によって分けられた東側・西側で、集団火災が発生する確率はどれくらいでしょうか。また、現状の延焼過程ネットワークの濃淡を見て、街区内部を効果的に不燃化する方法を考えてみましょう〈fig.41,42〉。

どこも出火しない確率は $(1 - 0.00075)^{3215}$ ですから、道路拡幅前に大規模火災が起こる焼失確率は、$1 - (1 - 0.00075)^{3215}=0.91$ と 91% でした。同じように計算すると、拡幅後は東側の焼失確率は 66.9%、西側 66.8%、延焼抑止の決め手にはなりません。これが延焼遮断帯による防災効果の推定です。

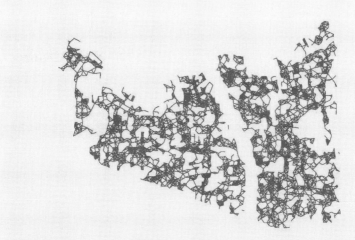

中野区大和町における延焼遮断帯整備後の延焼過程ネットワーク〈fig.41〉

大和町の一体選択的不燃化の後〈fig.42〉大和町は関東大震災で被災した人たちが移住して発展した。震災前の人口は約1,000人だったが、1935年には1万2,000人、1937人には1万5,000人と急増している。地区計画が不十分なまま開発されたため、狭く屈曲した畑の畦道がそのまま道路になった。東京大空襲でも東南部(啓明小以南)、西部(大和小以西)が被災したが、大半の木造家屋は空襲を免れた。大和町中央通りは1955年頃には、大和食品市場、峰岸青果店、天平食堂、小杉無線、大和金属、ロッテガム工場が建ち並ぶ商工地域として発展していた

この延焼遮断帯整備に関わる不燃化促進事業の公的負担は、道路工事単価3万円/㎡[*39]、用地買収価格（路線価）36万円/㎡[*40]とすると、総額33億円と試算されます。都は延焼を遮る幅の広い防災道路の整備を進めていますが、一部地域で住民が「街を壊す防災計画はいらない」と反対しています。品川区の戸越公園通り商店街では、約3.5kmの区間に幅約20mの防災道路が計画され、550棟、数千人が住まいの立ち退きを迫られています。立ち退きや道路による分断でコミュニティが崩れ、「みんな顔見知りで家族構成まで知ってる。だからこそ助け合える」といった住民同士の助け合いができなくなる[*41]のではという見解もあります。火災からコミュニティを守るために、コミュニティを分断する、というのではまるで本末転倒です。

延焼遮断帯では防災効果に限界があるとして、街区ごとに大規模再開発を実施するという方法も見られます。しかしこの再開発手法では、火災危険性はビル内に留められるものの、風の道を塞いで無風状態にしたうえに、人工排熱によって周囲に酷暑をもたらします。さらに突出したスケールは、一帯に圧迫感をもたらして土地資産評価を下げることにもなります。こうした温熱環境や景観阻害の損失額は、火災防止の効果を相殺するほどです。これでは社会的には意味はありません。

15

*

都市空間は
十分に活かされているか？

これは中野区上空からの写真〈fig.43〉です。大都市は
このように建て込んだ状態ですが、実際に建築物が地表
を占める面積（建築面積）は、全体のどれくらいの割合にな

るでしょうか？

中野駅上空空撮〈fig.43〉中野区の人口密度は約2万人/km²、南台2丁目は3.3万人/km²、
本町一・三・四丁目は3万人/km²と都内でも有数の人口集中地区である。建物棟数密度
は40.0棟/ha（23区平均は26.6棟/ha）と23区中で最も高い

東京などの大都市は、人口が集中して地価も高く、過密であるとよくいわれます。上下水道や道路網、公共交通網などといった都市基盤も整備されています。これほど稀少な都市空間にも関わらず、実態としては、うまく利用されているとは言えません。都区部で最も人口密度の高い豊島区でさえ 2 万 2,887 人 /km² で、高層ビルのないパリ市内の 2 万 1,498 人 /km² と大差ありません。

上空写真ではずいぶんと建て込んでいるように見えますが、23 区の土地利用を見ると、建築面積（建物が覆う地表面積）は全体の 27.4% に過ぎません。

建物同士の隙間や敷地内通路などといった敷地の残りが 30.5% を占め、道路が 21.9%、公園 6.3%、水面等 4.8% といった比率です*42〈fig.44〉。これだけの空地を集められれば、立派な庭園もつくれそうです。悲しいかな、皇居、浜離宮、小石川植物園、新宿御苑、六義園など東京都心部の主な庭園は、ほとんど江戸時代の遺産なのです。

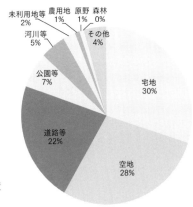

東京 23 区の土地利用〈fig.44〉大手町・丸の内などの都心では、宅地 54.9 %、道路等 37.7 %、公園等 4.0%、水面 2.2% となり、超高層化の一方で道路等の面積が 4 割に迫ることが注目される

16
*

戸建てが
建て込んでいるのに、
なぜ都市空間に
無駄があるのか？

 都心周辺部は下の写真〈fig.45〉のように建て込んでいる
ところが多いのに、なぜ容積が十分に活かされていないの
でしょうか？

都心周辺の分譲戸建て地区〈fig.45〉中央の位置指定道路を設けて区画を細分化し、容
積率や斜線規制の上限まで木造3階建てを建設する手法は広く見られる

A 都市部でも、戸建てが基本の建築類型となっているからです。

　一戸建て向けの区画は制度的に優遇されており、小規模宅地優遇税制として固定資産税や都市計画税、相続税も著しく抑えられています。このため土地所有者としては宅地用のままとしておくだけでよく、あえて高度利用するインセンティブが働きません。空き家が多いのは、解体すると優遇措置を受けられないのが要因となっています。

　そして大き目の敷地を業者が買い上げ、敷地を細分化し戸建てを詰め込む場合もあります。しかし、民法の規定では敷地境界から建物を 50cm 以上離す必要があり、さらに建築基準法により隣地境界から斜線規制が掛かるので、上部は斜めに削られます。準防火地域でも木造 3 階建ても建設できますが、準耐火造では建築確認のために構造計算書の添付や非常用進入口の設置、排煙計算、日影計算なども必要とされるために敬遠されがちです。小規模の開発になるほど、土地の利用は規制がいろいろ掛かって指定の容積を下回ることになります。

　戸建て住宅が都市の空間利用を妨げていることを、区の単位で見てみましょう。次頁〈fig.46〉[*43] のように戸建て棟数密度の高い区ほど、容積消化率（＝概算容積率 / 指定容積率）は低くなります。そして都市空間の利用が停滞する理由の 3/4 は、戸建ての割合の高さで説明できます。都区部の全宅地 3 万 6,726 ha における建物用地の利用比率では、独立住宅用地が 33.0％、集合住宅用地が 27.2％を占めています。しかし延床面積で見ると、独立住宅が 19.3％、集合住宅が 37.6％と大きく逆転します[*44]。戸建ての住民は少数派ですが、都市空間の占有に関しては多数派なのです。

戸建てがどれほど都市空間を無駄遣いしているのか、ざっくり金額に換算してみましょう。現在の都区部全体の容積充足率は 61.7% なので、戸建て棟数密度は 33.83 棟 /ha に相当します。ここで戸建てをすべて集合住宅等に建替えて、現在の概算容積率 158.5% を指定容積率の 256.8% いっぱいにまで利用するとしましょう。現在の都区部の公示地価が 57 万円 /㎡なので、もし土地をフル活用する場合なら 93 万円 / ㎡ 相当のポテン

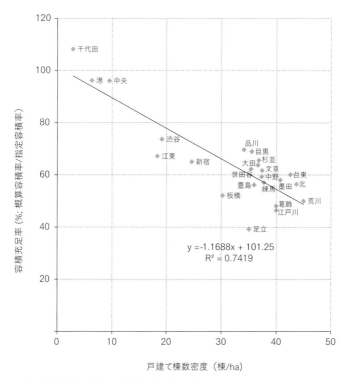

戸建て棟数密度と容積充足率（区別）〈fig.46〉容積充足率は、都市計画で認められた容積率の上限に対して、実際に利用している容積率の割合。戸建てが密集する区ほどこの容積充足率が低く、都市空間の利用が抑えられていることがわかる

シャルがあります。全宅地 3 万 6,726 ha で見ると、その差はざっと最大 130 兆円分。戸建て 1 棟当たりにして、1 億円超もの無駄遣いとなります。もし価格弾力性を 0.218 [*45] としても、全体で 28 兆円、1 戸当たり 2,300 万円にも相当します。

　さらに戸建て群の街区の場合、中庭や通り庭といった共有空間が活かされないのも社会的には大きな損失です。次頁図〈fig.47〉は建築面積と敷地面積を同じにし、戸建て群と集合住宅とで比較したものです。法律により建物は境界から 50 cm 以上離し、さらに斜線規制を逃れて建てる必要があります。したがって敷地に目いっぱいに建てるミニ開発のような戸建てでは、敷地内空地は各区画の外周部分に当たる薄暗く湿った隙間のような空間しか残りません。そのため単体の戸建てが建ち並ぶ街区は、共有空間や樹木や植栽の潤う緑地には乏しくなります。一方、複体の集合住宅から構成される街区では、敷地内空地はメリハリを付けて配置できるため、こうした共有空間や緑地が空間として豊かになります〈fig.48〉。部屋に差し込む木漏れ日、潤いのある心地良い風、野鳥の囀り、向かいの団欒の明かり、などこうした外部空間があることで内部空間も魅力を加えます。

　このように戸建てを基本類型とすると、建物の上方や脇の空間も十分に活かされない結果となってしまいます。もともと戸建ての原型は、東西南北を庭に備え、屋敷林や生垣などの屋敷囲いに守られた農家やそれを元にした武家屋敷でした。したがってこれまで述べてきたように、戸建ては建築類型として最も都市性は低く、戦後にこれを基本形としたのは失敗と考えられます。

　戦前は都市住宅の基本の建築類型は長屋でした。当時の大阪市は東京市より人口が多かったのですが、専用・併用住宅のほとんどが貸家

でその約9割が長屋でした[46]。京都でも基本は隣と軒を連ねた町家で、1998年に京都市が行なった調査でも約2万8,000軒の京町家が都心4区に残っていました[47]。ロンドンでも都市の基本の建築単位は**ロウハウス**と呼ばれる煉瓦造の町家です。1661年のロンドン大火で木造家屋の大半が焼失した後に建てられ、いままで丁寧に修復されながら生き続けています。アメリカ東部の大都市、フィラデルフィアやニューヨーク、ボストンといった都市でも**ロウハウス**が都市建築の原型とされ独特の街並みをつくりあげています。最近でもI.M.ペイらが**ロウハウス**を現代の都市住居として設計しています[48]。

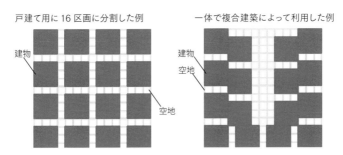

戸建てと複合建築との共有空間の生かし方の違い〈fig.47〉戸建て用に16区画に分割した左の例と一体で複合建築によって利用した右の例では建物と空地の割合は同じである

上空から見た住宅街〈fig.48〉左は世田谷の戸建て群。右は一体化によってまとまった緑地やコモンスペース、眺望が得られた「代官山ヒルサイドテラス」

戸建て住宅を都市の基本建築単位にするのはもう、見直すべきなのではないでしょうか。

　この都市空間の無駄遣いという指摘に対しては、「自分の土地なんだから、どう使おうと自分の勝手。人様にとやかく言われる筋合いはない」などといった意見もあるだろうと思います。私権の絶対性という考え方です。

　しかし土地を私有するにしても、地権者は応分の負担をしているのでしょうか？　都区部の土地所有状況を調べると、大土地所有者の上位6.2%（500㎡以上）、わずか7.6万人が総宅地面積49.9%を所有しているという高い集中度が見て取れます。その多くは農地解放で払下げを受けた元小作人や、財産税負担に苦しむ大家から譲渡された元借家人です。取得経緯は他力と言えます。土地の資産価値が上がったのも、高度成長期により良い仕事を求めて年に60万もの人が東京圏に流入してきたためで、これも他力です。そして、都市集積の利益（生産性の高さ、娯楽の豊富さなど）は土地代の上昇分としてすべて吸収されます。地主は丸儲けです。

　一方で、基盤整備や社会保障に費やされる税金（国税＋地方税、1976年度）は、個人所得税35.7%、法人所得税29.5%と大半を働く人びとが負担していました。資産課税は15.8%。ただし、宅地では固定資産実効税率は0.12%（1975年度）、と地主の負担はほとんどありません。課税標準が実勢価格の5～6割になるうえに、小規模宅地の優遇によりこの1/6になる措置があり、木造アパートでもつくれば大地主も負担を免れることができます。さらに相続税も自宅240㎡までなら評価額は1/5、法定相続人が3人なら基礎控除額は8,000万円と、実勢価格7億円前後まで相続税は掛かりませんでした。地権者たちは応分の負担を免れ、広い土地をもっていても大して税金も掛かりませんから、土地利用も戸建てと木造賃貸アパート

ぐらいとほどほどに止め、老朽家屋や廃屋が残っていても建替えません。もし指定容積に応じて低層の集合住宅に建替えられていれば、追加負担もなく自分たちの住戸も確保できたし、働く人びとも都心部に住戸をもてたはずです。

　そもそも住宅政策は取住宅得困難者向けの社会福祉政策であるはずなのに、こうした中間層から富裕層向けに優遇税制を施し続けているところからして倒錯的です。

　こうして都市部にはこのような通勤せずに住む層が暮らし、郊外から働く層が毎日そこを飛び越えて職場と家を通勤2時間掛けて往復する、しかも社会的負担は働く層がほとんど負う、と冗談のような都市構造が東京の現状です。働いて郊外に家を建てた人びとの立場からしても、もっぱら大地主を利するような固定資産税等の優遇措置は廃止させ、その分、所得税や法人税を安くしてもらえば良かったのかもしれません。

** 車が道路空間を
無駄遣いしていないか？

 自動車を運転していると、たいていは前後でほかの車に挟まれ、渋滞に巻き込まれているようにも感じてしまいます。でも実際には、写真〈fig.49〉（東京都渋谷区・明治通り）のように昼間の幹線道路でも、多くの時間帯で路上はガラガラに空いています。また道路は車優先ですから、交差点では歩行者は車を避けて歩道橋を上

春の明治通り、天現寺交差点を望む〈fig.49〉運転者には都心部の走行は渋滞の印象だが、歩行者にはときどき危険な長大な空地になる。ちなみに交差点は車優先で歩道橋が設けられ、歩行者は高齢者でも昇降せざるを得ない

り下りせざるを得ません。それにも関わらず一般道では主要な渋滞個所は433 カ所にも及び、平均旅行速度は渋滞時には 15.7 ㎞ / 時、昼間の非渋滞していないときでも 17.9 ㎞ / 時[49]と自転車以下のスピードに過ぎません。

　ではこうした車の道路の占有度合いはどれくらいでしょうか。東京都区部の路上を走る車は、平均して 1 台当たりどれくらいの道路面積を占めているのかを計算してみましょう。

　計算根拠は以下とします。

・都区部の登録車数は、自家用 161 万 6,920 台・貨物用 27 万 6,466 台・乗合 1 万 413 台・特種 6 万 172 台[50]

・自家用車の運転時間は、平均で 1.4 時間 / 週[51]

・車種別年間走行距離は、自家用車 1 万 575 ㎞、貨物車（事業用車両・8 トン以下）3 万 8,627 ㎞、乗合自動車 5 万 5,365 ㎞[52]

・都区部の道路面積は、103.17 ㎢[53]

・都区部の自動車交通量総合計 660 万台のうち、内外交通 165 万台は出入り通算でゼロ、通過交通 35 万台は少数なのでゼロ、という仮定[54]を用います。

A 答えは、約 4,000 ㎡です。

　都区部の乗用車保有台数は 196 万 3,944 台。乗用車の運転時間は平均で 1.4 時間 / 週。貨物車、乗合の運転時間を走行距離の比率から取り路上にある自動車の台数を計算すると、平均すると 2 万

7,948 台になります。一方、都区部の道路面積は 103.17 km²ですから、稼働中の自動車 1 台当たりの道路面積は、24 時間の平均で 3,692 ㎡にも及びます。仮に走行車線ないし車道の幅を 4m とすると、たった 1 台が約 923m もの長さで道路を占有していることになります。道路等には都区部の土地の 22.1% が割かれており、6.5% を占める公園の 3 倍以上にもなります。自転車よりも移動速度の低いクルマのために、路上で 1 台当たり 3,692 ㎡もの道路面積を割くのは、都市空間の大変な無駄遣いです。

　ちなみに都区部の公示地価は平均 57 万 2,300 円 /㎡ ですから、3,692 ㎡ では 21 億 1,000 万円分に相当します。仮に賃貸利回りを年 4% とすると、本当は 1 台当たり年 8,456 万円もの道路使用料を支払わなければならないという計算になります。これほど高価な都市空間を自動車には無料で提供している訳です。

　道路は緊急車両のために必要不可欠ともいわれます。しかし木造密集地域における集団火災は消防車両で対応できるものではありません。東京消防庁で保有しているポンプ車は 673 台。木造密集地域で火災が発生すると、シミュレーションによれば 1 時間ほどで 500 から 600 棟もの木造家屋に一斉に延焼が拡大します。関東大震災のときには、東京市で火災が 134 件発生し、77 件もの延焼があり、最終的には 16 万 6,000 棟が焼失しました[55]。当時より現在のほうが木造密集地域の密度は高く、範囲は広くなっています。地震火災が同時に多発すれば、道路網をいくら整備していてもこのポンプ車の台数ではとうてい追い付かないでしょう。さらに路上には建物やブロック塀、電柱などが倒壊して消防車両の通行を妨げます。同時多発する大規模火災には、消防車両による消火はとても無力です。

　このように都区部における自動車道路網の整備は、都市空間をいたずら

に無駄遣いするだけと言えます。地震火災時の消防車両による消火活動には焼け石に水、というのが実情です。道は人のために。都市交通は、徒歩・自転車、そして路面電車、バス、地下鉄等の公共交通に委ねるのが道理というものです。

　道路網などへの公共投資が、経済を発展させたという財政支出効果があったのではないか、という主張もみられます。しかし1986年から2000年までの四全総で1,000兆円も投じた結果、国や自治体の財政は健全化したでしょうか？　結局、1,000兆円もの膨大な累積債務を残しただけでした。

　北関東自動車道（1993年着工、延長150km）を例にして検証してみましょう。事業費を1km当たり53億4,000万円として、総事業費は9,638億円[*56]。利子率2%、50年の元利均等返済にすると、返済額は年305憶円（3%なら372億円）に上ります。さらに維持修繕費は少な目にみてその約5%としても、年約482億円が嵩みます。一方、高速道路料金の営業収支[*57]は年154億円、高速道路による地方税増収は年127億円という算定[*58]だそうです。そうすると少なくとも毎年507億円のマイナスが、50年も続く勘定になります。このマイナスは誰が負担するのでしょうか？

　このような道路網をいくら造っても、自治体の財政は一向に良くなりません。それどころか維持修繕費用が嵩んでいってしまい、地方自治体はさらに中央依存に傾くことになるでしょう。これでは道路空間もさることながら、道路建設もとてつもない無駄遣いです。

18
** 日本の都市広場から
失われたものは？

地中海都市における広場は、政治的な意思決定、生活物
資の交換、権力の誇示と市民の異議申立てなど、市民生
活のほとんどあらゆる局面で中心となっています〈fig. 50〉。

トスカーナシエナカンポ広場〈fig.50〉市庁舎と塔に隣接し、扇型で付け根に向かって緩
やかに傾斜する広場。この傾斜に、人びとは座ったり寝転んだりして憩いのひとときを過
ごす。4月と12月には市場が催され、5月にはミッレミリア、7月8月には広場外周で競馬、
パリオが行われるなど、広場は市民の生活の中心になっている

これを表すように、イタリア語の「広場」(piazza)は公の場所に集まる「民衆」を、「広場に降りる」(scendere in piazza)といえば、「示威行動に加わること」を意味しています。

ローマ法では市民社会と公的空間へのアクセス権が、相伴って発展しました。囲繞地通行権、つまり袋地で公道に面していないところは、有償で隣地を通行する権利が認められます。これは単なる生活権ではなく、この公共空間へのアクセスは市民としての権利なのです。この背景にある考え方は以下のようにまとめられます*59。

・広場は市民たちが自由に集い、休憩、談話、娯楽、そして市場取引や公論形成といった市民社会の基本的な活動を行うための公共空間です。
・従来はこうした広場へのアクセス権は、個々の所領を支配する集団のボスが握っており、「大事な話は俺様が片付ける」「怠け者や反抗するやつは広場に出さない」「奴隷や女子どもには広場に出る権利がない」といった制約がありました。
・こうしたボスの支配を外し、個々の市民が自分の意思でそれぞれが占有する住処から自由に広場にアクセスできることが、市民社会の条件です。
・このアクセスを保証するために、市民の住処が袋地で道路に面していないときは、囲繞地通行権が認められなければなりません。私道・公道を問わず、自由に往来できなければなりません。

日本の都市では、このような市民のための広場はもともと成り立っていなかったのでしょうか?

日本の都市広場も、路上市やデモが行われた市民社会のための広場でした。

高知市では今でも週に4日も街路市が開かれます。そのうちの1つ、日曜市では高知城参道の追手筋の片側2車線を長さ1,000mにわたって約400店が占有し、1万7,000人もの人出で賑わいます。もとは山間の鏡村から薪を運んで城下で売ったのが始まりで、戦前は出店希望者は場所が空いていれば誰でも自由に商売に参加でき、町の総代と有志者が県や市に道路占用許可を申請するという仕組みでした。内規として、「時間は日の出から日没1時間前まで」「終わったら掃除する」「掃除費3銭以外には金銭は徴収しない」「沿道の住民に金品の贈答をしない」「正札を付ける」と定め、これが現在、高知市の街路市係に継承されています*60。

もともとミチ(道)の語源は、御路で神の通る平面でした。イチ(市)の語源は「斎(いつ)く」、つまり「神のもとにある」という意味です。公正で安全な自由なモノのやり取りをするために、「モノはいったん神のモノになる」ということです。そしてマチ(街)は、イチが常態化したものです。江戸時代、ミチ、イチ、マチは同義でした。

公園は、デモクラシーの現れの場でした。日比谷公園では1905年に日露戦争講和反対運動が、1906年には東京市電運賃値上げ運動が、1913年には軍閥・官僚の恣意から憲政を守る第一次護憲運動が展開されて桂内閣を、次いでシーメンス事件で山本権平内閣を総辞職に追い込みました。1918年に魚津の米倉庫前から起こった米騒動は、名古屋の鶴舞公園に1万人を、2日後には10万人を集め、円山公園・上野公園・

高知公園など全国諸都市の公園で組織も指導者ももたない市民のデモが展開されました。寺内内閣を解散に追い込み、日本最初の政党内閣である原敬内閣を成立させます。1919年には日比谷公園で普選示威運動が始まり、1925年に衆議院で普通選挙法が可決するまで各地の公園でさまざまな団体が示威運動を行います[*61]。

　独立運動も公園から始まりました。1919年、ソウルのタプコル公園では、天道教・キリスト教・仏教の朝鮮人指導者33名が集まる独立宣言書の朗読が計画されます。この際に公園には数千人もの学生が集まって、市内に「独立万歳」の声とともにデモが行われました。これが契機になって朝鮮半島全土にデモ・店舗のサボタージュなどの運動が広がり、5月末まで独立運動集会が1,548回、参加者は205万人に上りました。朝鮮総督府は独立運動を弾圧し、死者7,509人、負傷者1万5,849人、被囚人数4万6,306人（朴殷植『韓国独立運動之血史』1919年）を出した後、原敬首相はこの武断政治に批判的な国内世論にも配慮し、長谷川総督（元陸軍大将）を更迭しました[*62]。

　しかし路上市にしても、1970年に道路交通法が定められてから、通行以外の用途には、警察署長の道路使用許可が必要になりました。高知市は例外的です。また公園や道路を場とするデモには、東京では警察署への届出と公安委員会の許可が必要です。警察署では、デモのコースや時間を難詰され、公安委員会の許可条件には、五列縦隊、一挺団250人まで、各挺団の間隔は一挺団、蛇行・牛歩・座り込み・フランスデモの禁止等が付記されます。

　このように公的権力が車両通行を名目に、治安維持を市民社会よりも優

先させたため、日本の都市広場は市場や市民活動から引き離されたものになりました。象徴的なのが新宿駅西口です。1969年新宿駅西口広場では、毎週土曜日にベトナム戦争反対運動として最大1万人もの規模のフォークソングの集まりが催されていました。警察はこれを通行の妨げや騒音になるという理由で実力排除し、西口地下通路に名称を変更して[* 63]、現在では地下駐車場のためのスロープとして人を寄せ付けないつくりにしています。

　アレントによれば、こうした公共的空間は「人びとが自らが誰であるかをリアルでしかも交換不可能な仕方で示すことのできる唯一の場所」[* 64]。人間にとって本質的な場であるにも関わらず、です。

19

***

公有地は誰のものなのか？

公共空間は市民たちのもの。本来であればその計画や運営は市民の参画・検討によって合意が形成され、決定されていくべきです。しかし一方で、公園や公共施設の窮

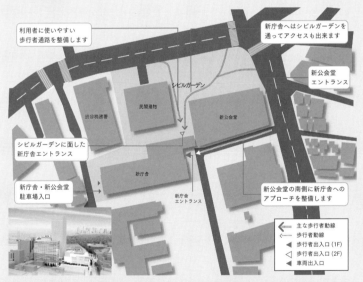

渋谷区庁舎建替え計画の配置計画〈fig.51〉と完成予想図(左下)〈fig.52〉配置図上方は代々木公園、図右側には公園通り。旧庁舎は地下2階・地上6階、緩やかに湾曲して圧迫感を抑えた建築だった。計画段階では、この地上39階建て、全505戸の超高層タワーマンションは白色で塗られて圧迫感を感じさせないように描かれている

屈な管理規則や、ときに縁故者優遇の運用に見られるように、公共空間は実質的にお上のもので、市民の意向よりも、さまざまな利権から意思決定が歪められる事例も少なくありません。

この公共空間の公的意思決定のあり方を、渋谷区庁舎建替え計画〈fig.51,52〉を例に取って調べてみましょう。

この計画によって、代々木競技場傍の区有地に70年間の借地権を設定し、民間タワーマンションが建設されました。区庁舎・ホールの建替えはこの定期借地権と引き換えに、一括提案方式で決定された大手不動産業者が行ったものです。

下表〈fig.53〉*65 の経緯で意思決定がなされたのですが、公共空間に対する公的意思決定として、よりふさわしい方法を考えてみましょう。

時期	内容	備考
2012年6月〜11月	耐震診断	大地震で庁舎一部に損壊の恐れ
10月	耐震補強案を1社に依頼	総額50〜60億円の概算
12月27日	建替えの事業提案募集への参加表明受付	同等の実績等が参加条件
2013年1月10日	参加表明受付締切、応募5社	募集要件は「工期が短く、区の財政負担が最小限であること」
2月12日	区長記者会見	「耐震補強は9割9分ない」
2月28日	事業提案締切	応募5社
7月〜8月	庁舎問題特別委員会発足。耐震補強については江東区・荒川区役所、建替えについては甲府市役所および豊島区役所を視察	耐震補強工事費は、江東区19億円、荒川区14億円
9月	庁舎問題特別委員会、区議会定例会は渋谷区総合庁舎の建替えを決議	委員会では賛否同数で議長決裁 耐震性に問題のないホールも同時に建替え
11月〜12月	専門家を選任し、渋谷区庁舎問題検討会を6回開催	外部有識者の参加は初回と最終回のみ
12月	区担当課内で採点基準を定め、採点・集計。優先交渉権者予定者を決定	権利金154億円が5社中では最低、最高額は194億円。専門委員は動線等を懸念
2014年1月	渋谷区は優先交渉権者にその旨を通知	
5月	区議会の議決を経て、基本協定書を締結	
2015年5月	区議会の議決を得て、基本協定の一部を変更	工事費38億円増、容積緩和2層91戸追加で補う

渋谷区庁舎建替えの経緯〈fig.53〉 手続きは形式的には地方自治法等の規定に沿う。しかし実際の運用や業者の選定、計画・予算の承認などは恣意的ないし強行で決定された

公益性の観点からは、民間事業者による定期借地権マンションという選択肢はあり得ません。一帯の環境に配慮して、耐震補強ないしは自力建替えを優先させるべきだったでしょう。公的空間のあり方は、上位計画、制度設計、熟議、遂行能力の四つの視角で吟味されるものです〈fig.54〉。この区庁舎建替え事業も、この四つの視角で検討してみましょう。

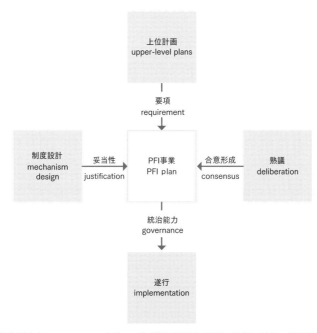

公的意思決定のフレームワーク〈fig.54〉縦軸は計画・承認・監督の流れ、横軸は意思決定のためのルールと決定権者を示している。ちなみにスイスでは、公共建築のみならず私的な計画でも都市環境に与える影響を考慮し、レファレンダムとして一定の署名を集めたのちに市民投票に掛けて、計画承認等の議会決議を無効にすることができる

上位計画：代々木公園と神宮の森といった都内有数の緑地環境に配慮した地区計画が先行されるべきでしょう。丹下健三の設計した代々木体育館は神宮の森とともに世界遺産にふさわしいものですが、登録のためには緩衝地帯が必要です。それにも関わらず、小体育館からわずか100mほどの場所に、どこにでもありそうな中高層建物群を建てるとは、先人が残してくれた貴重な遺産に対する取返しのつかない愚挙とも言えます。

制度設計：公正で効率的な決め方を工夫する必要があります。解体された区庁舎は優美な曲線を描く5階建ての建物で周囲の景観を保つものでした。上位計画からすれば耐震補強を優先させるべきで、1社見積りではなく江東区や荒川区のように耐震補強案の提案を広く入札で求めるべきでした。仮に建替えるにしても、自主財源で（渋谷区は不交付団体であり、財政調整基金および都市整備基金の残額は2011年度末においてそれぞれ274億円と240億円、合計514億円との見通しでした）、庁舎のみを建替えれば良いはずです。そして上位計画等から綿密に定めた設計要項に基づく設計競技、工事入札といった方式で広く提案を求めるのが妥当でした。財政難の自治体で公有地を一部借地にして財源を得るならば、借地権の競争入札をすべきでした。建替えありき、定借マンションありきで限定された事業者を密室で決定するのは、とても公的意思決定にふさわしいとは言えません。

熟議：耐震補強案にせよ建替え案にせよ、景観や日照、風等の環境評価から庁舎機能のあり方まで、事前に市民に公開し、ワークショップ等を重ねて提案を熟成すべきでした。

遂行能力：公的部門は民間事業者よりも情報が不足している訳ですから、不利にならないようにあらかじめ専門家を交えて契約や事後の監視体制を

準備する必要があります。決定から 1 年を経たずに工事費増額、容積緩和を認めるというのは明らかに準備不足であり、市民側にとって一方的に不利な措置です。

　この事例のように、本来、公正で公開、効率的であるべき公的意思決定過程も意図的に歪められれば、公共空間も私企業に長期占有されることになってしまいます。ちなみに中野区では公共施設が老朽化し、270 の施設のうち、5 年後には 32.5% が築 50 年以上になる見通しです。公的意思決定のあり方が歪められれば、老朽化・建替えを好機として、公共空間の私物化が進みかねないのが実情です。公共空間は、いったい誰のものなのでしょうか？

20

**

施設補助だからうまくいく？

社会保障は、現在は認可を受けた団体への「施設補助」が中心です。これに対し、子ども手当のように対象となる人たちに直接給付する「人への補助」という方法もあります。はたしてどちらが社会保障にふさわしいのか、認可保育園を例に取って考えてみましょう。

東京都では母子世帯が約6万世帯あり、その半数近くが乳幼児を抱え、収入も不安定な状態にあるのが現状です。そんななかで歌舞伎町で働くホステスさんを助けようと、志ある方が24時間保育の認可保育園を設立しました。この保育園はこうしたシングルマザーの助けになったでしょうか？

保育園への入園選考は自治体を通すことになるので、仕事が安定した高収入の親の子ばかりが入園を許可され、結局のところは歌舞伎町で働くシングルマザーの助けにはなりませんでした。

認証保育園には手厚い補助があり、平均年収では保育士800万円、園

長 1,200 万円）になると言われますが、認可外は恵まれていません。国会の厚生労働委員会における発言ですが、「エイビイシイ保育園という歌舞伎町にある 24 時間の保育園、もう十年以上前ですけれども、認可になったときに伺ったことがあります。そのとき園長さんがちょっと悲しそうに言っていたのは、どういうことかというと、歌舞伎町で夜働くホステスさんを助けようと思って 24 時間の保育を始めた、でも、いろいろ考えて認可保育園になった、そうしたら、自治体を通して来るから、預かる人の親は大体、厚生労働省の人も当時いました、スチュワーデスさん、収入が高くて仕事が安定している人ばかりになりました。」[*66]

　小さな子どもを抱えたホステスさんが夜間に預けられる保育園はなかなかありません。同じような境遇の仲間同士でアパートを借り、非番の人が順番にみんなの子どもを預かることで、保育問題を乗り切ることができたという話も聞きます。しかしこうしたホステスさんたちの保育活動には、認可保育園のように手厚い補助はありません。

　このように社会保障といっても、国や自治体を経由すると審査結果は行政次第となり、この保育園の事例のように希望に沿わない結果になりがちです。また、その手続きには公務員の時間と労力が相当に注がれることになります。この点を、toto（スポーツ振興くじ）事業で見てみましょう〈fig.55〉[*67]。このくじ事業は、文部科学省の指導監督のもと独立行政法人日本スポーツ振興センターにより運営・発売が行われています。発足から 6 年後の 2005 年の実績[*68] を見ると、くじ売上が 150 億円、払戻等を差し引いて収入は 76 億円でしたが、本来の目的であったスポーツ振興への助成等は 1 億 3,000 万円しかありません。運営費に 150 億円も掛かって、赤字が 78 億円となったためですが、このように関係者の報酬だけで収入が消えてしまう

のであれば、いったい何のためにスポーツ振興くじ事業を行っているのかわかりません。この事業は独立会計で収支が公表されたため、委託から自社に転換するなどのテコ入れで経営が改善されましたが、通常の行政組織ではコストの問題自体も明らかにならないのです。

　社会保障とは、社会として最低限の生活を保障する仕組みのことです。必ずしも政府だけが保障すべきものでも、政府が関与してうまくいくものでもないことを理解しておきましょう。

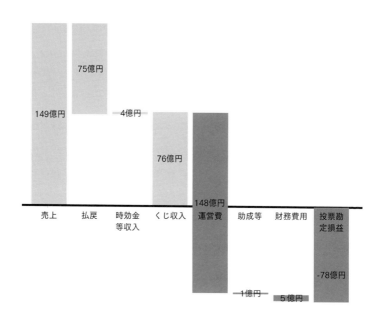

スポーツ振興投票の実績(2005年)〈fig.55〉スポーツ振興くじ(TOTO)は、(独)日本スポーツ振興センターが実施している。くじ事業の収益の3分の1に相当する額を国庫納付し、残りの3分の2に相当する額を、地方公共団体またはスポーツ団体が行う、地域のスポーツ振興を目的とする事業の拠点として設置された施設の整備等に要する資金の支給等に充てるのが本来の目的であった(くじ助成)

21

✱✱✱ 都市集積の利益は
誰の手に？

いい働き口がある、いい人が採用できる、いい情報が手に入る、いいものが手に入る、いい取引ができる、いい出会いがある…。このような期待から都市には「集積の経済」が働き大都市圏には人びとや会社が集まります。日本でも高度成長期まで都市部に、それ以降は郊外に最大年40万人もの人々が転入してきました[*69]〈fig.56〉。このような自由な人や企業の移動によって都市集積が進むとき、都市と地方の賃金格差は拡大するのでしょうか、あるいは解消されるので

東京圏の転入超過数推移〈fig.56〉東京都には1954〜63年の10年間に202万4千人の転入超過があり、そののちは横ばいに転じた。1960〜89年の20年間は神奈川・埼玉・千葉県に662万3千人の転入超過を数える

しょうか。また都市集積の利益を人と企業、どちらが手に入れるのでしょうか。

大都市がその集積効果によって、地方よりも生産性が高くて所得も高かったとしましょう。すると人や企業がより高い所得を求めて、地方から大都市に移転してきます。そして住宅や事務所や需要が高まり、地代が上がります。結局、大都市では名目の所得は高いのですが、その分、地代も高くなるため、そのほかの可処分所得は相殺されます。こうして人口移動は、都市と地方との生活水準が実質的に同じになるまで土地代が上がった時点で止まることになります[70]。この結果、都市集積によって生産性が高まっても、その利益は、丸々地代に吸収されます。したがって都市集積の利益は、移転してきた人々や企業の手にはなく、すべて都市の地主が手に入れることになります[71]。

東京圏について実際に所得と地価の関係を調べてみたところ[72][73]、強い正の相関（相関係数0.85）が見られました〈fig.57〉。これを元に戸建て（土地120㎡・建物100㎡）を取得、居住すると仮定して、実質の生活水準の違いを調べてみましょう。都市になるほど工事費も高くなり（東京18万7,000円/㎡、地方15万円/㎡[74]）、物価も地方を100とすると東京は106と割高です[75]。こうした要因を考慮して、住居費を除いた実質所得をこの傾向値で試算すると、自宅を自分に貸すと想定した賃貸利回りが約3.2%であれば、東京も地方も実質の生活水準は変わらないという結果になります。東京城南地区の投資用アパートの期待利回りが4.3%[76]ですから、都心と周辺との実質生活水準はほぼ同等と言えるでしょう。ここで指摘される重要な点は、東京圏内のように移動の自由があって物理的にも心理的

にも移転の費用が掛からない場合は、いわゆる地域間格差は自ずから解消されるということです。影響を受けるのはもっぱら地主層になります。

　都市集積の経済を求めて人や企業は集まりますが、住宅やオフィスの需要が高まり、結局、都市集積の経済は土地代の上昇にすべて吸収されてしまいます。こうして、先々代が上京して居を構えた、農地解放のときに広大な土地を得た、といった都市部のもともとの大地主が莫大な資産差益を手にしました。都区部の宅地で見ると、わずか1,175人の1万㎡以上の土地を所有する個人・法人が宅地全体面積の10%を、つまり23区の地価平均が171万円/㎡程度なので1人当たり平均で約422億円分の資産

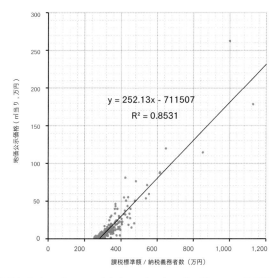

市区町村別の所得と地価（1都3県、2018年）〈fig.57〉1都3県に関しては、地域間の移住が自由で、金銭的にも心理的にも費用が掛からないと考えられるため、このように所得と地価とが強い相関を示す。対照的に同じ分析を都道府県単位で全国で行うと、地域間の移住に制約や費用が掛かるため、所得と地価との相関は示されない

を所有することになります。そして 1,000 ㎡ 以上の土地所有者は、3 万 2,881 人。彼らが宅地全体面積の 36%、1 人当たり平均で約 53 億円の資産を所有しています。このようにたまたま先に東京に土地をもてたかどうかによって著しい資産格差が生じています＊77。

　本来であれば、こうした固定資産については 1.4% の税率が掛かり、都市集積に対応した都市基盤整備に向けられます。分流式下水道や共同溝、都市緑化、河川再自然化、公共施設更新など、現在でも整備が必要な事業は目白押しです。土地差益はある意味で不労所得なので、この固定資産税には所得を再分配してより公平な社会にする働きもあります。ところが実際には、都区部の固定資産税総額は建物分を含めても 1 兆 1,829 億円。宅地全体の総資産額が 482 兆円と試算できるので、実効税率は 0.24% と著しく軽減されています。

　固定資産価格は実勢価格の 6 割程度に抑えられ、とくに 200 ㎡ 以下の小規模宅地についてはその 6 分の 1 に減免されるといった特例措置の影響です。転売したときに譲渡所得が生じますが、10 年以上の長期になると 6,000 万円までは税率は 14.21%（それ以上は 20.315%）です。年収 900 万円超のサラリーマンの所得税率が 33% ですから、ずいぶんな低税率と言えます。相続税も土地の評価額は実勢の 80% となり、小規模宅地では 8 割が減免されます。小規模宅地という名目ですが、これは 1 戸当たりの土地面積となっているので、大地主が賃貸アパートをあちこちに建てていても小規模宅地として税制優遇を受けることができ実効税率の低減に大きく作用しています。

　以上のように、都市集積の経済は、結局、すべて地主が手に入れ、税率の低さもあって、著しい資産格差が生じていることがわかります。

TOPICS

IR は都市に必要か？

　統合型リゾート（IR）は、果たして都市にとって必要なものでしょうか？その名目は自治体が財政難であっても、カジノの収益でインフラを整備し、観光で地域振興を図るものです。賭博を解禁するために 2016 年に IR 推進法、2018 年に IR 実施法が成立しました。

　IR はカジノのほかホテルや劇場、国際会議場や展示会場などの MICE 施設、ショッピングモールなどが集積した複合的な施設で、法律はこれを実績のある民間資本に一体で整備・運営させる建て付けとなっています。有力候補地は、東京、横浜、名古屋、常滑、大阪、和歌山、長崎。このなかから 2022 年頃に最大 3 カ所に誘致地区が決定される予定です。

　この IR の意義を、観光、カジノ収益、利権といった観点で検証してみましょう。

観光

　ベネチアは年間 2,100 万人以上の観光客が訪れます。バルセロナは 3,200 万人、アムステルダムは 1,700 万人です。近年、オーバーツーリズムも懸念される場所ですが、人びとが訪れたいのは、魅力的な街並みとそこで育まれる豊かな生活様式です。イベントも同様で、ウィーン芸術週間

は音楽、演劇、ダンス、美術を劇場のみならず、図書館、市場、広場など都市全体に展開することで高い人気を誇ります。ドクメンタもカッセル市全体に作品が展示され、現代アートを通じて世界に何を訴求できるかを問い、高く評価されています。東京の同人誌即売会のコミックマーケットは例年50万人以上を集めますが、会場の警備や誘導などは20年ものノウハウを積み重ねてきた約3,000人ものボランティアスタッフによって担われています。都市としての魅力と、人びとのスキルが大切なのです。

　大阪や横浜ではすでに事業コンセプトの提案を求め、事業者を募集しています。しかしそこでは上位計画としての都市ビジョンは不在です。たとえば横浜市の募集要項には、創造都市やインナーハーバー構想といった長期ビジョンには言及がありません。都市の中心にもかかわらず、都市と無縁の巨大建築オブジェが乱立する予想図は異様です。本来、計画は都市構想や戦略に適って、地域独自の魅力を引き出すものでなければ成功はおぼつきません。ろくにスキルもないまま、IRと称してどこでもできそうな施設を並べても、圧倒的な資金力のあるドバイや「緑園都市」以来の長期構想に基づくシンガポールに対して差別化はできないでしょう。

カジノ収益

　カジノの収益がなければ、インフラは整備できないものでしょうか。

　横浜市の山下埠頭で試算したところ、総工事費用は6,800億円。そこには都市インフラとして、収益を見込まない教育・医療施設や劇場、会議場などの公共施設と、人工地盤を整備したうえで住居・店舗・事務所・ホテル等が建設されます。後者の賃貸可能床面積67万㎡に対し月坪1万円前後（市内の7割）の賃料を設定すると、30年経たないうちに資金回収

ができる計算です。一帯には研究所や試作向き工場も多く、一大消費市場も控え、空港も近接していますので、パイロットプロジェクト、テストマーケティング、インプラント関連の専門職や企業が集積する可能性も広がります。カジノの収益はこの試算では不要です。

そもそもカジノの裏の目的は、マネーロンダリングです。麻薬取引、脱税、粉飾決算、賄賂などの犯罪によって得られた資金をギャンブルにつぎ込んで負けたフリをし、別のところで仲間が同じだけ勝ったように運営側が仕組めば、マネーロンダリングができる訳です。自治体にもコンプライアンスが求められる時代ですが、マネーロンダリングを黙認するのでしょうか。またカジノの依存症対策も矛盾そのものです。パチンコ問題でも知られていますが、ギャンブル依存症は脳の報酬系回路自体を変質させ、これを回復させるのにはたいへんな時間も労力も掛かります。覚醒剤依存やアルコール依存から社会復帰するのが難しいのと同様です。この依存症に持ち込むノウハウが事業者の持ち味なのに、その事業者に依存症対策を依頼するというのもまったく不可解と言えます。

なにより、カジノは地域振興の万能薬ではありません。人口4万人のアトランティックシティは、トランプ大統領が四半世紀掛けて築いたカジノリゾートです。しかし運営会社は数千億円もの投資に対して一度も黒字を出すことなく次々と破綻し、8,000人の雇用が失われて、今ではゴーストタウンと化しています[1]。

利権

IR事業を巡って自由民主党の秋元司議員が収賄罪で逮捕されたほか、5名の国会議員に金員が渡り、日本維新の会の下地幹郎が100万

円を受領したことを認めています。IR 事業は全体で数兆円もの規模になり、候補地の決定、事業者の許認可などについて政治介入しやすいように法律も構成されています。政権はカジノを成長戦略の柱、観光先進国の実現を後押しすると位置付けていますが、結局のところ莫大な利権の塊になることは目に見えています。

　自治体の IR 事業者公募にしても、そもそも募集条件が厳しく、応募は 1 社ないし数社と競争制限的です。これでは優れた提案を内外から広く集めるのではなく、便宜を図って事前に事業者を決めているようなものです。横浜市長からの IR 説明会も一方的な説明でしかありません。市民との公開討論やワークショップ等で、提案を都市や環境の将来像に照らし合わせて熟成させる機会はないも同然です。タワーが海風を塞ぎ、ヒートアイランド現象を起こす外部不経済もあるのですが、環境アセスメントもないがしろにされそうです。さらに履行面も事業者任せで、契約や事後の監視体制も不明です。公的意思決定過程も利権に蝕まれているのでしょうか。

　こんな愚かで汚い賭けはやめ、仕切り直しをすべきです。カジノに頼らなくても、人口数万人の自由都市をつくるという構想にし、職住近接の暮らしも余暇も楽しめる低層の魅力的な現代版町家の街並みを構成することも可能です。横浜のように規模も歴史もある都市であれば、カジノや娯楽に依存せずに、創造型産業を発展させられるでしょう。こうした街並みが 100 年も経てば、活きた都市遺産として世界中から人びとを惹き付けることにもなるでしょう。

第三章

江戸の
都市に学ぶ…
コンパクトな
緑化都市の姿

　郊外まで広がる木造戸建て群、都心の超高層ビル、車優先の道路網。こうした基本パーツで構成される日本の大都市は、空間を十分に活かすことのないまま自滅の道を歩んでいます。焼失建物は数十万棟とも予想される深刻な地震火災の可能性、命の危険にも晒される酷暑、通勤疲労、地域のつながりの喪失、これらの危機は従来の基本パーツからなる都市構造のままでは解消することはできません。

持続可能な成長が可能な都市構造を考えるためには、次のような世界の諸都市がモデルとして挙げられます。

　　・複合用途の建物が主体の水上都市：ベネチア
　　・職住近接で低層街区の歴史的都市：パリ、バルセロナ、ドレスデン
　　・最先端の文化・芸術を創造する都市：ナント、グラスゴー
　　・両側町で豊かな公共空間と文化の都市：ローマ、ザルツブルク
　　・一般市民が副業として行政職を担う自治都市：スイスの諸都市
　　・ウォーターフロントで都心が賑わう都市：ボルチモア、ハンブルグ
　　・観光と投資を呼び込む緑化都市：シンガポール

　しかしこうした事例も、気候や地勢、社会、文化や価値観などが異なるため、日本の大都市に簡単には移植できません。例えば「東京を高層化してマンハッタンのように」という主張もありますが、モンスーン気候で風の道を塞ぐと酷暑を起こす、地震帯に位置し長期地震動による損壊リスクがあるなど大きな弊害が生じます。また、こうした都市の良いとこどりをしても、全体としてチグハグになり長続きしないものです。

　ここで東京の前身、江戸の都市の構造を見てみましょう。すると、複合用途の低層の町家が両側町として建ち並び、コンパクトで歩きたくなる、緑豊かな自治主体の都市像が浮かび上がってきます。先述の世界の諸都市にも備わった特徴がすでに現れ、しかも都市システム全体として辻褄が合っています。気候や地勢、民族などが同じ条件で、江戸は300年以上も持続しました。こうした理由を探るため、第三章では江戸の都市の構造を深く掘り下げてみることにします。

22 町家では
内と外をどのように
分けていたのだろうか？

*

下図〈fig.58〉は町家の典型的な間取りです*1。町内の人びとと、出入りの職人や御用聞き、一般客、招待客、親戚と、それぞれに応接された場所を示してみましょう。

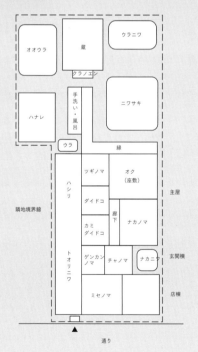

町家の平面図〈fig.58〉町家は間口3間（約5.4m）の奥行の長いつくりで、通りに面する店の間から奥座敷まで配置される。奥の手洗いまで続く通り庭、その先には裏庭が設けられ、小さな自然を取り込みつつ、通風・換気の機能も果たしている

応接の場は主人と客人の関係性によって、気取らないものから格式ある面会へというグラデーションに呼応するように、内玄関手前、通り庭から裏、店先ないし茶の間、奥座敷へと位置を変えています。

　現代では、住宅は私的な空間としてしっかり囲い、道路などの公的空間からは隔離したプライバシーを重視した発想からなるものが主流です。しかしアレントが『人間の条件』で指摘したように、プライバシーは古代ギリシア語で剥奪（deprivation）、つまり「公的領域に入ることを許され、公的領域を形成する」という人間の能力のうちで最も高く、最も人間的なものが奪われているという状態を意味します[*2]。江戸の人びとの感覚も古代ギリシア人と同様のものだったのでしょう。表通りから町家の奥までの全体が濃淡のある公的領域となっていました。虫籠窓や卯建など意匠面で違いはあるにしても、この江戸から戦前に掛けての空間構成が地域性を問わず驚くほど共通しているのは、この空間感覚が共有されていたからと考えられます。

　その構成原理は、「間の間を取る」ことに要約されます〈fig.59〉。まず奥と奥との間に通り、通りと奥との間に玄関、さらに玄関と奥との間に店の間・中の間・奥の間ができます。この間の土間が連結され、通り土間となります。通り土間には行商人たちが出入りして、奥の米櫃には米屋が米を充填し、魚屋は土間で魚を捌き、汲み取りは奥の便所まで、と糞尿の収集にも利用されました。通り土間と通りの間には軒先ができ、通り土間と店の間の間に上がり框ができます。このように「間の間を取る」分節化が身体感覚で違いがわかるまでディテールに落とし込まれ、表から奥まで、公から私まで滑らかに濃淡を付けて配置されました。

裏長屋についても「間の間を取る」ことで表と裏が緩やかにつながりました。同じ並びの町家と町家の間に間所が取られると、裏までの通り道ができます。裏長屋は裏の奥につくられ、間所との間には裏路地が取られます。裏路地と間所の間には井戸、裏長屋と裏路地の間には濡れ縁が設けられ、借家人同士のコミュニケーションの場となりました。

　大店になると、数十人規模の客人の入る座敷がつくられ、茶の湯、華道、謡曲、長唄、連歌、俳諧などの交際文化の場となりました。こうした文化活動は身分を超えたつながりがあり、大名もお忍びで座敷に上がっていたそうです[*3]。

　このように表から奥、裏まで、オープンスペースには緩やかな公と私の濃淡が付いて連続し、家族だけでなく、奉公人、行商人、客人といったさまざまな人びととがそれぞれの間において交わっていました。表通りから町家や裏長屋の奥まで、町全体が公共的な空間だったと言えるでしょう。

　社会との関わりなくして、自分もありません。公的領域をこのように濃淡を付けてつなげる空間構成方法は、社会と自分との関わりと礼節を重んじながら豊かに広げる知恵として参考になります。

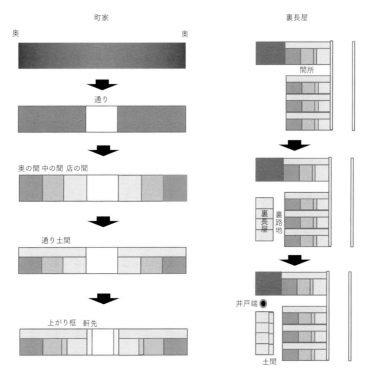

町家　　　　　　　　　　　　　　　裏長屋

奥　　　　　　　　　　　奥

通り

奥の間 中の間 店の間

通り土間

上がり框　軒先

間所

裏長屋　裏路地

井戸端

土間

江戸町人の生活空間の分節化〈fig.59〉木造架構による開放的なつくりは、温暖な気候、豊富な木材資源、相互の信頼関係によってもたらされた。開放的な空間の中でお互いに適切な距離感を保つために、設えや作法によって空間を連続的に分節化する方法が発達したと考えられる

23
江戸は
核家族主体で
職住分離の形式だったの
だろうか？
**

前近代の家制度では、家族への統率権（家督）や所領（財産）は嫡子単独での相続のかたちを取ってきたといわれます。江戸の市民たちもこうした血縁を基本とした家制度の下で、自宅から商家や工房に通勤していたのでしょうか？

江戸の市民たちは職住近接で暮らし、非血縁家族、寡婦・障碍者との共存は当たり前の環境でした。1人暮らし・2人暮らしが主体で、SOHOやシェアハウスも広まってきている現代の大都市の状況を先取りしたような世帯構成です。詳しく見ていきましょう。

非血縁世帯

　幕末・維新期の都心部の世帯構成を調べると、表〈fig.60〉の通り奉公人の比重が高くなっています*4。

　表通りに面して建つ表店という商人の町屋に居住していたのは、血縁家族に限らなかったことが伺えます。一方、郊外やほかの城下町では奉公人はほとんどいません。都市では「血縁関係のある家族が世帯を構成するも

の」という通念とはだいぶ異なりました。奉公人の出自は、じつは地方ではなく同じ町の縁のある商家であることが多かったそうです。修業を終えるまで年月が掛かるため、奉公人は晩婚で出生率は低かったともいわれます。

　建築の観点から興味深いのは、奉公人のうち営業使用人のいる「店」と、家事使用人のいる「奥」とは、「互いに通路することを禁ぜり」（鴻池家内規）と空間的に分離されていた点です。町屋では表通りから格子、土間、店、玄関間、奥座敷、裏庭、と公私とが緩やかに配分を変えながらつながり、主人や奉公人もそうした場ごとの特性を踏まえてうまく住みこなしていました。内と外を分離させる現代の核家族用の住宅とはだいぶ異なります。

共同体

　裏店の長屋には、仲士、日雇、手伝いといった都市生活サービスを担う人びとが暮らし、その世帯構成は、単身者、シングルマザーの親子、夫婦のみ、孤児など多様でした。徳川吉宗公の治世では江戸の庶民の人口構成は女性 100 人に対して男性 184 人（1722 年時点）と、単身男性が相当数含まれていました。江戸幕府は社会保障を担うものではないので、

	地区	奉公人のいる世帯	奉公人の人口比率	平均世帯規模	うち奉公人
大阪	尼ヶ崎一丁目	83.5%	49.3%	8.2 人	3.1 人
大阪	道修町三丁目	83.3%	47.4%	6.1 人	2.9 人
江戸	日本橋本石町二丁目	41.7%	35.2%	6.1 人	2.1 人
京都	五条橋東二丁目東端	57.9%	33.1%	6.4 人	2.1 人

幕末・維新期　都心部の世帯構成〈fig.60〉都心の町家では、世帯規模 6 〜 8 人、うち奉公人 2 〜 3 人という世帯構成が平均的だった。通説では、家制度によって伝統的な日本の家族の典型は 3 世代同居の直系家族で、戦後に核家族化したとされる。しかしこの資料では、近世の家族は非血縁の奉公人を含めて家業や家事を住み込みで分担するチーム組織とも見なすことができる

相互扶助も自ずから行われています。高齢の母と 2 人暮らしの娘が、働きに出るときに母の面倒を隣人と家主に依頼したという記録も残っています。

社会扶助において、家請人（やうけにん）の役目も大きかったようです。店子に対しては、身元保証のみならず、婚姻の仲立ち、喧嘩の仲裁、仕事の斡旋なども行ったといいます。勤勉な孤児らには、町方に働き掛けて町番などの自治の仕事（夜勤）を回してもらい、生計の足しにさせていた事例もあります。家請人の基本職務は家賃の取り立てなのですが、この利益目的のために不安定な借屋人たちの生活を補っていくインセンティブが働いていました。

少子化

幕末・明治初期の大都市も少子化に陥っていました。資料（斎藤修『江戸と大阪―近代日本の都市起源』）[5] によると、未婚の子どもの数は都市部では 1 世帯当たり大店 1.4 人、渡世・職人 1.7 人、雑業 1.8 人。農村部では 1 世帯当たり 10 石以上の地主で 5.9 人、2～9 石で 3.9 人、2 石未満で 3.7 人とされます。農村から都市への人口流入は徳川中期までで止まりました。幕末・明治初期には都市内での婚姻が主体で、とくに富裕層ほど顕著でした。出世する商人ほど晩婚で、鴻池家の手代の初婚は 36 歳（あるいは 37 歳）で、妻は 26 歳といった歳の差婚です。そのような状況でしたから大都市における人口は横ばいから縮小傾向にありました。逆に農村部では子どもの数は多く、それも富裕層ほど多かったようです。

近代

近代においても、小工場や商店を担っていたのは非血縁世帯でした。

谷本雅之氏はこうした都市世帯に「都市小経営」という言葉を与えていま

す*6。実態としてデータで押さえると以下になります。

① 小経営：資本金 5,000 円未満の工場が工場数の 85% 以上、従業員数でもほぼ半数を占めていました（1932 年）。資本金 2,000 円以上 5,000 円未満の平均従業員数が 4.39 人、平均被雇用者は 2.90 人でした。ちなみに 5,000 円以上 1 万円未満では平均従業員数 6.76 人、平均被雇用者数 5.38 人です。

　こうした小工場で働く住み込み徒弟を維持・再生産するのに不可欠だったのが、女性配偶者だったと考えられています。これを裏付けるのは独立工場主の既婚率の高さです。20 代前半で 35% 以上、20 代後半で 30% 以上も労役者・労務者の既婚率を上回り、所得水準の高い役員・職員よりも高かったようです。

　小売世帯の調査では、女性の平均的な 1 日の従業時間は 300 分前後、家事＋針仕事が 400 分前後という配分でした。女性配偶者は従業、家事、針仕事と多面的に生産活動に参画していました。主流は専業主婦ではありませんでした。

② 家事使用人：次頁図〈fig.61〉のように、こうした都市部の業主ほど家事使用人を雇う割合が高く、過半が小経営の業主世帯で雇用されていました。東京市における業主世帯当たりの使用人の人数は、高い順に公務・自由業 0.48 人、商業 0.28 人、工業 0.17 人です。全国では農業業主世帯の 0.08 人とは対照的です。

　東京市の調査では、市内の中小工場主や商業主世帯の世帯当たり家族員数はそれぞれ平均 6.39 人、6.24 人と、農家世帯の 7.60 人を下回っています。都市小経営では「夫婦と子、またはひとり親と子」（核家族）の世帯は 76.4%、農家の 46.6%。要するに都市では傍系親族の手がない分、

使用人を雇用し家事を任せ、配偶者が家業を切り盛りしていたという構図が浮かび上がります。それも子どもが多い世帯ほど家事使用人を雇用していた傾向にあり、公的な社会保障が期待できないため、保育サービスを自前で調達していたことがわかります。

　このように近代においても、都市部の業主世帯は、住み込み徒弟と家事使用人とが同居し、女性配偶者が切り盛りするかたちが一般的でした。核家族が専用住宅に住み専業主婦が家事を担うというパターンには当てはまりません。今でいえば相撲部屋（稽古場があり、女将が住み込みの弟子を預かる）のような生活空間が、近世に引き続き成り立っていたことがこうした世帯構成から伺えます。

1920年		総計	業主	職員	労務者
東京市 （家事使用人数・男女総計）		75,874	55,272	19,788	814
計		20.85	29.72	27.91	0.76
農	業	8.47	10.61	57.80	0.44
工	業	10.40	16.99	22.57	0.62
商	業	26.37	28.34	28.34	1.92
交 通	業	5.81	9.87	15.69	0.51
公務・自由業		33.51	47.74	32.50	1.13
全国 （家事使用人数・男女総計）		634,882	556,367	63,180	15,335
計		4.18	8.39	7.90	0.20
農	業	3.63	4.61	6.34	0.12
工	業	5.51	11.11	8.04	0.60
商	業	13.75	15.20	12.72	1.51
交 通	業	3.05	5.73	5.58	0.56
公務・自由業		15.72	37.43	6.89	2.21

出所）『大正9年　国勢調査報告』、『大正9年　東京市市勢統計原票』
注）「本業者・男有配偶15-59歳」100人当たりの家事使用人数を挙げてある

世帯主の「従業上の地位」別家事使用人数（1920年、100世帯当たりの近似値）〈fig.61〉
戦前のサラリーマンは就業人口10%以下のエリート層だった。子どもの月の手当てが5円、中卒がその7倍だったのに比べ、サラリーマンは月給100円、財閥系企業の管理職は年収1万円超も少なくなかった。この層は、家事使用人を雇用するのが通例だった

24 江戸の道は、
* 実質的には誰が管理していたのだろうか？

 道は公儀の地所、つまり幕府の管轄にありました。道奉行が道路や下水の機能維持を司り、町奉行が番による治安維持、防火対策、占用物管理などを預かりましたが、それはあくまで役職のうえでのことでした。町人地の道〈fig.62〉は実質的には誰が管理していたのでしょうか？

「江戸図屏風、小網町」〈fig.62〉日本橋川に面した小網町は水上交通の要所で、河岸には川舟積問屋が集積して塩、油、米、酒、醤油などの食品問屋も兼業して賑わっていた。江戸の町割りは間口60間で正方形をなし、道を挟んだ向い合わせの区画を1つの町（両側町）とした。表側は、暖簾を掲げた大店が並ぶ

町人地の道を管理していたのは町人でした。町奉行から道路の利用や営業について許認可を受けた恩義に対し、道路管理を担うことで忠義を果たすというものです。町屋敷とその間の道路は一体で管理され、河岸通り、土手通り（番屋、床店が並ぶ）、広小路、橋も同様でした*7。

　もちろん自動車の登場前ですから、街道は主に人のための道でした。水路、広小路への道筋、寺社の参道などに人々は気軽に往来し、集まる人々を相手にした買い物や取り引き、娯楽、宿泊のため、表通りの道の両側には大きめの店舗が並び、街道沿いは賑わいました。宿場町、市場町、職人町、馬場町、門前町、花街といった街がこうして発達します。棒振りと呼ばれる行商人たちも道を往来し、町家の奥までそのまま出入りして、米櫃に米を入れ、通り土間で魚を捌き、野菜を売りました。

　こうした道の管理は、表通りに面する大店が担いました。街の賑わいを生めば来客が増えるので、管理・工夫するインセンティブも働きます。祭りもその一環だったのでしょう。神社の前に立つ市でも、参道や脇道の両側に店が並び賑わいました。車道で分断されず、人々が道の両側を気軽に行ったり来たりできるのですから、賑わうのもうなずけます。

　町の管理者であれば、賑わいのある通りを町の端に置くわけがありませんし、それが道理というものです。お店を繁盛させるために、道の清掃や補修も町の人々が行いました。町の出入り口には木戸が設けられ、その脇に木戸番が常駐する番小屋がありました。木戸は午前6時から午後6時まで開けられ、夜は顔馴染みの人だけを通します。昼間の番小屋は、雑貨や駄菓子、郵便などを扱い、さながら現代のコンビニエンスストアでした。

こうして町の治安も保たれます[*8]。考えてみれば、この両側町のように、町のグリッド（町割り）と道のグリッド（道路区画）は半分ずれて、人のための道になっているのが江戸時代では当たり前でした。

　建物も、町のつくりに対応していました。街区は間口 60 間。典型的な町家はこの長さの表通りに面して、間口 3 間（5.4m）、奥行 15 間（27m）といった寸法で、裏は同じ形状で対称となっています[*9]。表通りから片側は土間・通り庭・台所・蔵と続き、もう片側は店・玄関間・奥座敷・縁・裏庭と続く。2 階は居室。こうして町と町家は緩やかにつながり、職住および公私で段階的に使い分けられる生活空間が用意されていました。また表通りから入った横丁では家賃の安さから面白い店が並び、さらにその奥で曲がると路地に面して庶民の暮らす裏長屋が建つという、場所に応じて建築類型も使い分けられた構成でした。町とは無関係に、戸建てやマンションもがバラバラに建ち並ぶ現代の街並みとはまるで対照的です。

江戸の町奉行は、町人地1,700町の住人50万人に対し行政、消防、伝馬、裁判などを司っていました〈fig.63〉。町奉行は町触の発令機関で、町触とは町人に対して出された法令のことです。儀礼、防災心得、交通規制（将軍御成）、経済規制（貨幣改鋳や物価統制、株式取扱い）など全般にわたり、発令された件数

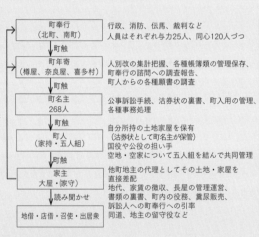

町奉行 （北町、南町）	行政、消防、伝馬、裁判など 人員はそれぞれ与力25人、同心120人づつ	町触れ： 法令の他、幕府の儀礼、 火の用心、防火用水桶の 設置、烈風時の撒水、 将軍御成による交通止め、 鳴物停止、勧進能、 貨幣改鋳、物価統制、 商人株、入札触など
↓ 町触		
町年寄 （樽屋、奈良屋、喜多村）	人別改の集計把握、各種帳簿類の管理保存、 町奉行の諮問への調査報告、 町人からの各種願書の調査	
↓ 町触		
町名主 268人	公事訴訟手続、沽券状の裏書、町入用の管理、 各種事務処理	沽券状： 間口、奥行、沽券金高、 さらに土地明細、売買代金、 売却先、付帯施設などが 表記されている。 沽券状を有する慥成者は、 商取引や入札保証の有資格。 土地の売買には町名主、 家主、五人組の立会い 加判が必要。
↓ 町触		
町人 （家持・五人組）	自分所持の土地家屋を保有 （沽券状として町名主が保管） 国役や公役の担い手 空地・空家について五人組を結んで共同管理	
↓ 町触		
家主 大屋・（家守）	他町地主の代理としてその土地・家屋を 直接差配 地代、家賃の徴収、長屋の管理運営、 書類の裏書、町内の役務、糞尿販売、 訴訟人への町奉行への引率 同道、地主の留守役など	
↓ 読み聞かせ		
地借・店借・召使・出居衆		

町人地の統治組織〈fig.63〉町年寄を介してお尋ねがあって町方の意見が付記される例、あるいは町触に付記された請文言からは、町方からの願書がある例、一般の町人から町名主、町年寄、町名主との間にやり取りがある例が伺える

は221年間で17,400にも及びました。さて、この町奉行の人員数はどれくらいでしょうか?

　ちなみに現在では、東京都区部人口921万人(東京都民1,386万人)に対し、都職員3万8,537人、学校職員6万4,566人、警視庁職員4万6,501人、消防庁職員1万8,502人(2018年度の東京都職員<全任命権者>の定数)、特別区職員数は5万8,240人[*10]といった状況です。

　町奉行の人員数は北町・南町の2つで、それぞれ与力25人、同心120人、合計300人足らずでした。町人地は、町人たちの自治に委ねられていたのです。

　町奉行の下には3人の町年寄が就き、これらの町触の伝達をはじめ、人口調査、各種帳簿類の管理保存を担いました。町触は上意下達の形式ですが、実際にはこの町年寄を介し、町名主や町人と町奉行との間に協議があったと考えられます。

　町の代表は町名主といい、18番組268人を数えました。町名主は町人との直接の窓口として雑務をこなし、町触の伝達のほか、訴訟手続き、沽券状の裏書きなどに従事しました。

　そして自治の主体は町人で、正式に沽券状(土地家屋)の保有を認められた者を指します。したがって落語の八さん、熊さんのような賃借人は、正式には町人ではありません。幕府は、町人にその権利を認める代わりに、国役や公役を課しました。道路の清掃や管理などは、大店と呼ばれる表通り

147

に面した店舗を保有する町人たちが担う。空地・空家も、江戸では町名主の下に家主たちが五人組を組んで管理することもありました。このように道路の維持管理や空地・空家の活用が適切になされて、町が潤うならば沽券状の価値が保たれます。町人自治の沽券状システムは、外部不経済が内部化される仕組みでした。

しかし時代を経るごとに不在地主も増えてきます。こうした不在地主（他町地主）に代わって、家主が地代や家賃を徴収し長屋の管理や町内の雑務を行いました。住民同士の喧嘩も仲裁し、店子が不祥事を起こして奉行所に呼び出されるときには同行しました。加えて、長屋の共同便所からの糞尿を売る権利も得ています。こうした大家と店子は親子のような関係になり、ときには店子の側に立って、家賃について団体交渉する役目も果たす一方で、条件が合わないと一斉に退去させることもあったといいます。

注目すべきは、この都市組織では同じ街区に大店も地借・店借も混住している点です。日本橋の本石二丁目は市中でも最も格式の高い街で、地主5戸、地借66戸、店借32戸、合計405人が暮らしていた記録が1886年の戸籍に残されています。そのうち裏店と想定される10坪未満の住居は地借15戸、店借28戸を占めます。職業は職人（左官、べっこう、仕立、紺屋、木具、足袋、髪結）、小商人（枡酒、荒物、魚、小間物、せり呉服、煎茶、米買次、乾物、揚物、綿、売薬、薪炭仲買、小切売、紙）、日雇（鳶日雇、奉公人口入、日雇）、寡婦・障碍者（賃仕事、按摩、針）となっています[*11]。一等地の街区内に、さまざまな生活物資や、サービス、臨時雇用の担い手のための住居兼仕事場が密集して、都市経済を支えている都市組織になっています。現在のように、社会階層や機能によって区域が分離されている都市構造とは異なりました。

26
***
江戸の貧困対策は？

都市の下層民の生活は不安定で、疾病、世帯主の死別、火災、飢饉、米価高騰などさまざまな要因によって困窮に陥り、同町内で転居を繰り返していました。棒振りと呼ばれる行商人を例にすると、1日の収入は500文（約3万7,500円）、支出は米代200文、店賃36文といった具合*¹²で、飢饉で米価が2倍、3倍になると暮らしていけませんでした*¹³〈fig.64〉。

こうした困窮から高利貸しに手を出して苦しみ、債務不履行で民事裁判になることも少なくありませんでした。明治以降の法治主義では「契約の遵守こそが安定した商行為の基礎」とされ、高利貸しにもその規範が求められましたが、江戸の町奉行では債務不履行はどのように扱われたでしょうか？

江戸では「高利貸しは仮牢にぶち込み、貧乏人に恵む」という弱者救済の姿勢が取られました。

都市の下層民の困窮に対し、街の都市組織は相互扶助の機能を少なからず果たしていました。大阪では、店に畳まれ困窮した奉公人を町内の夜

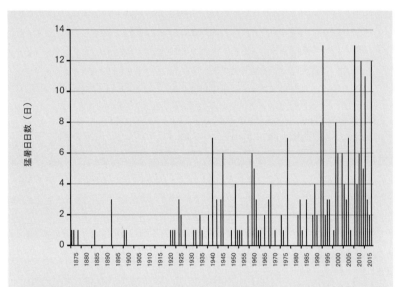

八王子米価の時系列推移（1734 〜 1867 年、両 / 石）〈fig.64〉八王子米価は、政策的に決定された張紙値段よりも実勢を表し、江戸市中の米価と対応した動きをするとされる。享保の大飢饉（1732 年）では通常の 2 倍、天明の大飢饉（1782 〜 87 年）では 3 倍弱、天保の大飢饉（1833 〜 39 年）では 4 倍にも及んだ。注目すべきなのは 1866 年（慶応 2 年）に米価が 11 倍に高騰した原因が、天災ではなく人災だったことだ。それは貨幣改鋳、長州征伐、大軍勢の大阪逗留といった政治動向により大阪、兵庫、江戸で打ち毀しが起こり幕府が弱体化した

番として登用し、当分の日用品・食料と借家を提供する例、父と死別し重病の母を献身的に看病する兄弟に、町から白米二斗と銀貨を与える申し出があった例、髪結いの父は死去、祖母、母も重病という少年を町抱え髪結いとした例などがあります。幕府としても、都市下層民による暴動が繰り返されないように、町の自治にこうした相互扶助機能を期待していました[*14]。

　こうした相互扶助の背景には、次のような仏教思想における功徳の考え

方がありました。

・安穏に暮らす庶民が極貧者に施すのも徳義の1つである。
・善根を積むことで現世・来世の幸せが得られる。
・遊芸人、虚無僧・座頭、障碍者への施しは、それなりの役割を与え、生活をともにしていく基盤に、狐憑きも聖性があるとして尊重する。

　また頼母子講と呼ばれる、相互扶助・貧困救済を主とした相互金融の仕組みも発達していました[*15]。これは一定の参加者が集まって1つの組合を組織し、定期に掛金(現物でも良い)を行い、満期になるまでの間1度だけ抽選や入札で給付を受けるという仕組みです。困窮した参加者にとっては、仲間から無利息ないし低利息融資を受けて生活を再建する機会を得ることになります。債務不履行、つまり給付を受けたが掛金を支払わないという事態を避けるため、頼母子講では、お互いの生活歴や信条などをよくわかっている知り合いの知り合いの……といったつながりの濃い参加者を選ぶことになります。
　奉行のほうも仁政を心掛け、民事裁判は内済仁政を基本として、双方の妥協点を求め、奉行が説諭する、という姿勢を取っています。このため江戸では、高利貸しは仮牢にぶち込み、貧乏人を恵む、という弱者救済の措置が取られていました。
　江戸では行政は社会保障の責任を負わなかったのですが、その代わりに町人たちによってミクロの相互扶助の仕組みが発達し、社会保障を担っていたことになります。

江戸は緑化都市だった？

東京都は「四季折々の美しい緑と水を編み込んだ都市の構築」に向け「東京の緑を総量としてこれ以上減らさない」ことを大きな原則として、「緑確保の総合的な方針」や「都市計画公園・緑地の整備方針」を策定しました。

こうした方針に従って、公園・緑地は区部で過去10年間に230ha、多摩部で450haと着実に増加し、東京区部の緑化率は19.8%にまで上がりました[*16]〈fig.65〉。

それでは江戸の緑化率はどれぐらいだったでしょうか？

東京全体に広がる緑〈fig.65〉市区町村別に緑地率を調べると、都心部は5〜8%、東部は20%前後、奥多摩は80%前後と東京の緑地は奥多摩に偏っていることがわかる

1830年の江戸の緑化率は42.9%と推定されています[17]〈fig.66〉。シンガポールを遥かに先取りした緑化都市でした。

これは市中の寺社地、大規模武家地、小規模武家地の緑被率がそれぞれ70%、50%、30%と高く、それぞれが市中の面積のうち16%、36%、24%と大勢を占めていたためです。園芸は社会階層を超えて愛好され、町人地でもささやかな空間にキク、オモト、マツバラン、アサガオをはじめさまざまな園芸種が栽培・鑑賞されていました。

江戸時代の主要な交通手段は徒歩であり、江戸の都市圏は端から端までほぼ8km、片道約2時間の距離でした。その郊外は樹林地や農地になります。江戸町方最西端の雑司谷町では職人や日雇いのほか、近郊の野菜類を仕入れ江戸市中に売り歩く行商人（振売）が目立って多く暮らしていました[18]。

また町人たちは高密度の市中を離れ、郊外の緑地で物見遊山することを日常的な娯楽としたため、そうした場所はちょうど市中からの徒歩圏を囲むように分布し、参詣と遊覧が楽しめる場として発達しました。雑司ヶ谷鬼子母神堂、堀の内妙法寺、目黒不動尊、亀戸天神社、王子稲荷神社、深川八幡宮、木母寺といった寺社が現在でも有名です。

現代では、独立当初からシンガポールが熱帯でも過ごしやすい「ガーデン・シティ」を打ち出し、海外からの観光や投資を促してきました。こうした長年の努力の結果、グーグルの衛星写真では緑被率は29.3%と2

位のシドニー、バンクーバーの 25.9% を引き離して世界 1 位です。しかし、単純な比較はできないにしても江戸は現在の東京はおろか、あのシンガポールを上回るようなガーデン・シティだったのです。徒歩主体でコンパクト、緑豊かな江戸の都市構造には学ぶところが大きいのではないでしょうか。

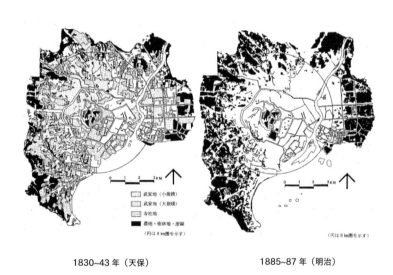

1830~43 年（天保）　　　　　　　　1885~87 年（明治）

天保・明治期の緑被地〈fig.66〉天保年間の江戸は、都心の寺社地や境内や山林、武家地の庭園などで緑地が保全され、郊外は都市化を留めて農地・山林が囲んでいた。現在の都心部の残る大規模緑地の多くは、新宿御苑、小石川後楽園、浜離宮、六義園、有栖川公園、清澄庭園、新江戸川公園など、江戸期の大名庭園に由来している

TOPICS

都市マネジメントの視点で捉えた 新型コロナウィルス感染症対策

新型コロナウィルス感染症（COVID-19）の対策として非常事態宣言が発令され、外出自粛が広く要請されました。専門家の間では、感染が終息するまで年単位の期間が必要だともいわれています。コロナ対策は市民の生活を守るためのものですが、自粛が長期化すれば、都市を支える社会・経済的なネットワークが崩壊して、都市生活自体が成り立たなくなります。これでは本末転倒、都市は自滅してしまいます。

より良い方法はないのか、2020年12月中旬までにわかっていた事実から、順序立てて解決策を考えてみましょう。

感染に関する事実

① ハブ：地震火災で述べた選択的除去の考え方を活かします。今回の新型コロナウィルス感染症について「1人の感染者が生み出した2次感染者数」の分析結果が公表されています[*1]。1人で12人に感染させた人が1人、9人、4人が1人ずつで、感染者の8割はほかに感染させていない状況を示しています。

この状況は、少数のハブ（2次感染者数の多い感染者）がネットワークをつなげているというスケールフリーネットワークを示しています。このままだ

と感染を受けて感染を広げる比率、つまり感染増幅係数は 4.1。しかしハブの 3 人を省くと感染増幅係数は 0.89。1 未満なので必ず感染は終息します。次頁上図はそれをネットワークグラフで示したもので、ハブの上位 3 人がすぐに隔離される、あるいは抗体を備えて感染を広げないという状態になれば、ネットワークが細断されます。この状態であれば、次のウィルス感染の波が来ても感染拡大は最大でも 10 名に抑えられます。もともとが 110 名に感染拡大していたことから比べると、ハブに焦点を当てた措置には著しい効果があることがわかります。

② 高リスク群：次頁下図は縦軸が対数目盛なので気を付けて読み取ると、青壮年の感染力は、平均して高齢者の数百分の一に過ぎません。高齢になるほど上気道に多くのウィルスが宿り、咳やくしゃみ、発話で感染を拡大する可能性が高くなります。対照的に青壮年の感染力が低い理由は、上気道のウイルス量が少ないからと説明されます[2]。

　2020 年の 6~8 月に感染者として診断された人のうち、重症化する割合は 60 代 3.85%、70 代 8.40%、80 代 14.50%、90 代以上 16.64% と高齢者ほど高リスクですが、若年層では死亡率も 0 代 0.09%、10 代 0.00%、20 代 0.03%、30 代 0.09%、40 代 0.54%、50 代 1.47% とほぼゼロです[3]。また中国の研究では、持病をもった人のリスクも高く、糖尿病、高血圧、悪性腫瘍の併存疾患が 1 つある患者のハザード比は 1.79、2 つ以上の患者は 2.59 でした[4]。

③ リスク相対化：中国・武漢からチャーター機で帰国した日本人のうち、感染者の割合は 1.4% でした[5]。10 万人当たりの死亡率は、30 代で 1.7 人、40 代で 1.6 人、50 代で 5.4 人と推定されます。この値は欧米と比べて著しく低く、腸内細菌の組成や肺線維症などの遺伝子の有無、生活

習慣といった理由があるともいわれています。

　死亡率をほかのリスクと比べると、自殺が 16.1 人、転倒・転落・墜落
事故が 7.8 人、溺死が 6.5 人、不慮の窒息が 7.1 人、交通事故が 3.7
人。また、たばこ関連の慢性閉塞性肺疾患が 15.0 人、アルコール性肝

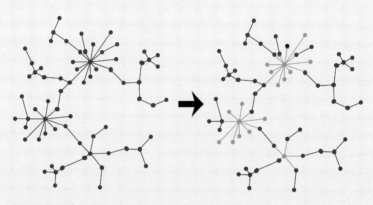

感染経路のハブと分離

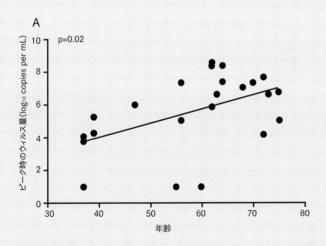

年齢と感染力

硬変が 7.7 人です[6]。とくにインフルエンザは、1998 年から 99 年に掛けて死亡者数が 11 万人、うち超過死亡者数は 3.5 万人に及ぶなど、数年ごとに 1 万人単位の犠牲者を生んでいます。コロナのリスクをゼロにはできないので、ほかのリスクを比べてどこかにリスク許容水準を設定することが重要になります。

④ 感染経路：ウィルスを含む飛沫の飛距離は、床面までで 1m 以内です。くしゃみでは 1 回当たり約 4 万個の、咳では約 3 千個の、5 分間話すと約 3 千個の飛沫と飛沫核が生じます。コロナ・ウィルスではこの飛沫が、周囲の息が掛かる距離内にいる人の鼻や喉に到達することで、飛沫感染が広がります[7]。

　一方、満員電車等を含めて空気感染の例はありません。その意味で、3 密禁止というのも行き過ぎです。接触感染は、感染者が咳やくしゃみを抑えた手で電車やバスのつり革、ドアノブ、スイッチなどに触れ、別の人がそれに触れた後に手を鼻や口に触ることで粘膜に感染します。これらの 6~7 ステップがすべて成り立って、という結構長い経路です。くしゃみ・咳もない無症状の感染者が触ったところで、感染の心配はまずないでしょう。

⑤ 長期化：すでに世界 220 の国・地域で感染が確認され、感染者数は 5,860 万人（11 月 13 日）になります。したがって仮に強権で水際作戦や都市封鎖で感染を一時的に抑えられたとしても、封鎖を解除し世界との交流が再開すれば、感染の第 3 波、第 4 波…と続くでしょう。したがって緊急事態宣言は何年も続く恐れがあります。貯蓄ゼロ世帯は、単身世帯の 46.4%、2 人以上世帯でも 31.2% を占めています。長期に経済活動を止めるような手段を取るとこうした層が社会的弱者となって困窮してしまいます。

対策の指針

　以上の事実を踏まえると、指針は以下のようになります。

① 主に高齢者である数％のハブに焦点を当て、早期発見と行動制限を工夫する

② 高齢者間および慢性疾患患者への感染を抑える

③ ある程度のリスクを許容する

④ 市民生活を損なう全面作戦は避ける

　加えて、感染経路についてはプライバシーや物忘れも絡んでなかなか明かされず、聴き取り調査については保健所のスタッフの負荷も掛かっています。キャバクラや風俗店で感染してもそれを明かさない例が多いともいわれています。防護服やマスク、病棟分離が不十分で院内感染が起きれば患者が犠牲になり、医療スタッフも入院や自宅待機に迫られ、そこに感染患者が急増すれば医療供給体制が崩れます。したがって次の指針も重要です。

⑤ 感染場所が滞りなく明らかになる

⑥ 院内感染を抑え、医療負荷を超過させない

　また長期的な行動変化を定着させるには、強制ではなく自発的な仕掛けが望まれます。行動経済学では、人びとの自発的な意思決定や行動を支援する「ナッジ」という概念があります。インフルエンザ予防接種については、金銭のインセンティブや無料接種よりも、啓蒙や行動支援（接種日予約）

のほうがずっと効果的だったという報告があります[*8]。強制ではなくて、啓蒙と行動支援がカギです。

このような事実と指針に照らし合わせると、学校閉鎖は子どもたちの教育機関を奪うという百害あって一利なしでした。「若者が繁華街に繰り出してけしからん」という批判も、感染拡大リスクが高齢者の数百分の一なのでは的外れです。そして長期の外出自粛や都市封鎖も市民生活を著しく損なう一方で、当初は高齢者が集まるような病院や介護施設、パチンコ店など肝心の焦点に当たっていなかったことがわかります。

市民生活を守る対策

指針に従い対策の柱を検討すると、「高齢者間」のウィルスの飛沫感染と接触感染を防ぐことに絞られます。今回の非常事態宣言や自粛要請はすぐにでも解除すべきでした。

① 間合いと手洗い：「感染に関する事実 ④ 感染経路」で触れたように、感染対策の元データに当たると、青壮年層には三密や接触回避といった対策が過剰なことがわかります。

高齢者には自衛策を兼ね、お互いに息の掛からない距離を保つこと、マスクを着用して無意識に手を鼻や口に触らないようにすること、他対策としてくしゃみや咳を手で抑えたらすぐに手洗い・消毒することが奨励されます。そしてくしゃみや咳、高齢者（および肥満）、といったことは外からも認知しやすいポイントなので、介助スタッフ等も行動支援をしやすいと思います。

逆に、公園の遊具などに立入禁止のテープを張り巡らすなどの措置には意味はありません。美術館や図書館、劇場などは声を上げるような場所で

はないので、この閉鎖も意味はないでしょう。持病のない青壮年層にとっては、必要以上に神経質になることはありません。ただ青壮年層にも、100人に1人2人は例外的に感染力の大きい人もいますので、こうした人が含まれる確率が高く、声を張り上げる機会も多いような百人規模のライブや集会は避けたほうがいいでしょう。

② 感染追跡アプリ：すでに位置情報を元に感染者との接触可能性を通知するアプリは開発されています。課題は感染リスクの高い高齢者層、とくにハブに相当する人たちにどのように普及させるかでしょう。さらにこうしたアクティブシニアの方々には無症状でも速やかに検査を受けていただくことが重要です。救急搬送時の医療側の感染対策を軽減することにもなります。

　ナッジの考え方に基づけば、啓蒙と行動支援が工夫のしどころです。70代では起床時間の3分の1をテレビ視聴に費やしています。報道では「夜の街」「若者」「人数」に注目しがちです。政治的指導者であればそうした印象ではなくて、エビデンスに基づいて、高齢者に顕著な感染拡大リスクと被感染リスクを訴え、感染アプリへの登録を促すべきでしょう。こうして高齢者間の感染拡大の前に、診断、行動抑制などの措置を講じられます。アプリ登録後には、速やかに検診の予約を確認し、また感染を申告した際には、優先的に病床を確保するというインセンティブを講じるのも一考です。検査については、院内感染を防ぐために、ドライブスルーを含め一般病棟から隔離した検査体制を整えておく必要があるのはいうまでもありません。

③ 人と場所の両面作戦：高齢者からの2次感染については、人と場所の両面から抑える方法を取ることで、漏れを減らしていきます。

a）重症患者には、独立した全館専用医療施設を用意します。一般患者や病棟へのしわ寄せをなくすためです。この施設にはイタリアの抗体検査とラ

イセンス付与の仕組を参考に、すでに抗体を備えた医師や看護師、サービススタッフでチームを組んで治療に当たれば、感染の不安や区画や防護などの余計な負担も減らせます。院内感染があった病院は批判されがちですが、もともと医療設備が整い、医療スタッフも抗体を備えている（再感染を防ぐ中和抗体を感染半年後に98%が保有：横浜市立大の調査より）ので、重症者向けの専用医療施設として多大な貢献をすることができるでしょう。

b）軽症者・無症状者については、先の2次感染の分析を見る限り、高齢者同士が長時間滞在し、発話や濃厚接触するようなカラオケや合唱、パチンコ、雀荘、宴会、寄り合い、法要などの機会を減らすことができれば、在宅のままで買い物や仕事などの外出も制限せずに済みます。

　アプリの機能として感染拡大リスクの高い場所が随時アップされ、感染者がそこに近づくと警告するのも効果的でしょう。

　とくにリハビリ施設、介護施設、病院などへの訪問は厳禁です。条例等で感染者にはアプリ利用を義務付け、警告無視やアプリ停止の場合には隔離施設に収容するとすれば、対策を徹底できると思われます。

c）非感染者のうち持病のない青壮年層であれば、発症リスクも感染拡大リスクもあまり高くありません。高齢者を中心としたハブに焦点を当て、そこからの感染拡大の機会を失くすことが徹底できるのであれば、青壮年層の行動の自由を制約する必要はなくなります。数百倍もの感染力の違いを考慮すると、100人単位の大規模なイベントに参加する、高齢者と一緒に数十時間を過ごすということを避ければ、概ね自由で元通りの生活を送っていいでしょう。

d）場所ごとの対策では、検温や自己申告は広まっていますが、その場で感

染接触アプリへの登録を働き掛けることが望まれます。そして、そのお店に感染があったときにはすぐ連絡できるように、入場時に連絡先を入力（暗号化も可能）させる措置も必要です。さらに、集団感染が発生した施設と同タイプの施設にその旨を表示するのも個々人の判断の助けになるでしょう。行動支援では、アプリで自分の年齢や体格、病歴、喫煙歴などで感染可能性と重症化リスクを示し、本人に判断してもらうことになるでしょう。

　こうして感染爆発を抑えつつ、長期的にはハブに相当する人たちが抗体を備える等で感染ネットワークから外れ、それが細断されることになります。そうなれば将来、海外から感染の波が来たとしても、感染拡大に至らずに終息するでしょう。そしてコロナ対策の緊急経済対策などもほとんど必要はなくなり、そこに特定の業界や事業者などを優遇するような余計な政治介入を許す余地もなくなります。逆にアクティブシニア同士の会食や遠方の人々との接触を促す政策、つまり Go To イートや Go To トラベルは感染ネットワークを拡充して大きなリスクを生みます。

　都市計画は感染症の大流行に対応し、上下水道の整備、スラムの撤去、通風・採光の確保といったように進展し、都市を発展させてきました。先人たちに倣えば、今回の新型コロナウィルス感染症は、エビデンスベースの都市マネジメントというソフト面のインフラの重要性を再認識させてくれます。エビデンスもないままにいたずらに不安を募らせて、十把一絡げの対策を取るのでは、都市は自滅してしまいます。

　事実とそれに基づく指針に従い、自発性と行動の自由を踏まえた方法を講じること、こうして都市の賑わいが速やかに回復されるはずです。そのことを願うばかりです。

第四章

未来の
都市を探る…

パーツを見直し
制度を改める

　江戸の構造を参考にしながら、これからの都市の構造を考えてみましょう。自滅への道を転じ、第二章で述べたような重大な都市問題を知恵と工夫で乗り越えた先には、未来の都市の姿が見えてくるに違いありません。

　それは以下のような課題を両立させるものになるでしょう。

- 財政負担なく木造密集地域が不燃化され、大火災の危険性がない
- 風環境、温熱環境が快適になり、景観も整う
- 歩きたくなる、憩いたくなるような豊かな共有空間が広がる
- 職住近接で、時間的にも暮らしにゆとりができる
- コモンズとして都市空間が十分に活かされる
- 地域のつながりが支えになる
- 困ったときも困る前にも、助けになる社会保障がある。
- 理不尽な不公平さがなくなる
- 地球温暖化、免許独占、国際紛争などに対応できる

　現在までの制度は、木造戸建て、高層化、車優先という基本パーツを組み合わせた都市モデルとそれを促すためのものでした。第二章でみたように、この枠組みが深刻な都市問題を招き、この枠組みのままでは問題を解消することはできません。しかしこれからの都市のかたちを見据え、基本パーツから見直して制度を改めていけば、素直に問題が解けるのではないでしょうか？

28
**

木造密集地域の不燃化は、
本当は無理なのでは？

各自治体においても木造密集地域対策として街区内の不燃化に取り組んでいますが、道路の狭さゆえ建替えは困難、権利関係も複雑、地権者らも高齢化しているため現状維持に傾く、などの理由でなかなか進展しないのが現状です。なかには、「どうせ無理なんだから、焼け跡になるのを待って、復興計画でいっぺんにビルやマンションを建てるしかない」といった声も聞かれます。有効な打ち手は、本当にないのでしょうか？

延焼を受やすい・広げやすい木造家屋から順次、不燃化することが有効な打ち手になります。

　事例として、Q14「延焼遮断帯は本当に防災に役立つのか？」でも取り上げた中野区大和町を調べてみましょう。この地区では、延焼過程ネットワークには木造家屋 3,215 棟が連坦（お互いに延焼を及ぼし合う距離にあるため、1 カ所で火災が発生すれば全体に火災が広がる状態）なっています。火災発生確率を 0.0075％とすると、大規模火災で引き起こされる焼

失確率は 91.0%。延焼遮断帯を設けた後は東側 66.9%、西側 66.8%。この差が延焼遮断帯による効果となります〈fig.67〉。

　この地区の延焼過程ネットワークを詳細に眺めると、赤い網目にも相当の濃淡の差があることに気がつきます。なかには、隣接する 18 棟もの家屋と延焼を及ぼし合う距離内にある家屋もあり、少数の濃い点（ハブ）がネットワーク全体を結び付けていることがわかります。このように延焼過程ネットワークは、ハブが全体を結び付けるスケールフリーネットワークの性質を備えています。

　ネットワーク障害や感染症、食物連鎖でも見られるように、スケールフリーネットワークはランダムな攻撃には頑強ですが、この少数のハブを狙う攻撃には脆弱で、たちまち細断されることが明らかになっています[*1]。この現象に着目し、延焼を受けやすく広げやすい延焼危険建物から優先して不燃化（選択的不燃化）する方法を考えてみましょう。

　大和町地区において、延焼危険建物（ネットワークのハブに当たり、延焼を受けやすく広げやすい木造家屋）から危険度の高い順に 1,134 棟（全体の 35.3%）を選び、これらを耐火造に建替えたとします。この不燃化によって、延焼過程ネットワークは、延焼での消失戸数最大 74 棟（次は 60棟）の点に細断され、焼失確率は 5.4% 以下に抑えられます。この選択不燃化が実現できれば、延焼遮断帯をはるかに凌ぐ防災効果があります。

　選択的不燃化の効果は、ほかの木造密集地域にも当てはまります〈fig.68〉。都区部でも最も火災危険度が高いとされる 84 地区についてこの分析を行ったところ、同じように少数の延焼危険建物が全体を結び付けていることがわかりました。そして通常の消火活動が維持された場合では、

地区内の木造家屋の 10~30% に当たる延焼危険建物を優先して耐火造に建替えれば、延焼過程ネットワークが細断されて、延焼が抑えられることが示されています[*2]。

　後述しますが、この不燃化は共同建替え、つまり法規・施工面で単独では建替え困難な戸建ての区画群をまとめて一括で集合住宅に置き換えることで実現できます。このとき区画統合による資産差益が生じるため、各地権者は新たに資金を負担することなく、以前と実質的には同等の広さの居住空間を取得することが可能になります。このようにこの共同建替え事業については、公的負担は必要にはなりません。

中野区大和町の延焼過程ネットワーク〈fig.67〉延焼過程ネットワークの作成は、Q9「木造密集地域の地震火災はどれくらい危険なのか?」にて記述している。これ以上の棟数で木造家屋が連坦している地区は、都区部で 25 カ所ある

選択的不燃化の効果〈fig.68〉ハブ、すなわち延焼限界距離内にある木造家屋棟数の多い家屋から、順次不燃化すること（灰色部分）で延焼過程ネットワークが細断化され（黒線部分）延焼が抑えられる

** 違法建築でも
不燃化できるのか？

 木造密集地域において延焼危険建物（延焼限界距離内に木造家屋が多く、延焼を受けやすく広げやすい建物）を優先的に不燃化すれば、効果的に延焼を抑えることができます。

　しかし木造密集地域の住宅は、前面道路に至るまでの通路の幅が狭いものが少なくありません*³〈fig.69,70〉。1997年までに竣工された建物で、建築法規にしたがって竣工したことを確認する完了検査が実施された件数は3割程度しかなく、連棟で設計し建築確認を得たのちに工事途中で戸建てに分割したり、敷地が減らないよう道路後退義務を免れる、などの方法で違反建築が横行していたことが背景にあります。

　こうした事情から延焼危険建物のなかには、前面道路に至る通路の幅が狭く、工事車両が通行困難（幅員2.25m未満）、幅員1.8m未満（法規で再建築不可）といった理由でおのおのでは建替えができない家屋も相当数に上ります。

　こうした接道不良の延焼危険建物は、どのようにすれば不燃化することができるでしょうか。

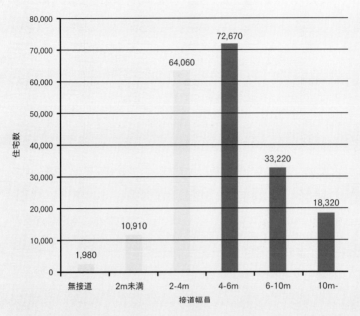

接道幅員別住宅数（中野区）〈fig.69〉建築基準法 43 条では、原則的に建築物の敷地は幅員 4m 以上の道路に 2m 以上接しなければ建築は認められないとされる

延焼危険建物と接道不良区画（中野区南台 2 丁目）〈fig.70〉黒く塗りつぶされた個所が延焼危険建物、灰色が接道不良区画。この地区では延焼危険建物のうち、接道不良で再建築不可の家屋は 3 割強を占めている

解決策はシンプルで、接道条件のいい区画と一体で建替えることです。

　下図〈fig.71〉のように接道不足の区画も接道区画とまとめて一体の区画とすれば、全体として接道条件を満たすことができます。

　東京都木造住宅密集地域事業の実施個所 46 地区で確かめたところ、5 区画を統合しても建替えできない個所は住宅総数の 0.15％に過ぎません。したがって多くとも 5 区画をまとめれば、共同建替えによって耐火建築物をつくることがほとんど例外なく可能になります[*4]。

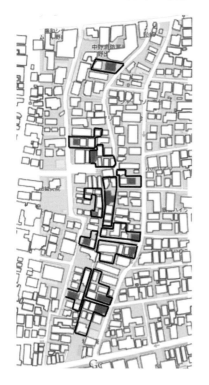

　またこの区画統合は資産効果があるので、元の地権者は手元資金がなくても、従来と同じ広さの居住空間を得られることができます。接道不足の区画は、土地の評価額として標準地価の 3 割ほど。こうした区画 4 つと接道区画 1 つを一体化すれば、非整形地・地積大（3 大都市圏においては 500 平方メートル 以上の地積の宅地）と

区画統合による接道条件確保（中野区南台 2 丁目）〈fig.71〉この地区でも 5 区画まで区画統合すれば、接道条件を満たせることがわかる

しても標準地価の6割になります。

　分譲方式では規模が小さすぎて事業者の得る利益の割合も多くなるので、組合方式（入居予定者らで組合をつくり、自ら事業主として設計・施工を進める方式）にして開発利益を内部化すると、試算では分譲マンション相場のおおよそ2割安で、耐火造の住戸を取得することができます。この経済性によって、元の地権者はその区画を組み入れることで、元の居住空間（1階部分）と同じ広さの住戸を得られます。

　この経済性が成り立つ条件は、試算では地価1㎡当たり約50万円以上の土地であることとなりました。東京では都心から10㎞圏内では、ほぼこの条件が満たされています。自治体としても、特別に建築規制を緩和したり、補助金を給付したり、といったほかとの公平性や建築行政の一貫性を欠くことがないのも、大きな利点です。

30
***
財政負担なく、
共同建替えを促す
方法はあるのだろうか？

 接道不足区画の地権者にも接道区画の地権者にも、共同
建替えは有利に働きます。

　　　しかし住民たちへのアンケート調査が示すように、不
燃化や共同化の意義は理解していてもその意向については低調です[*5]。

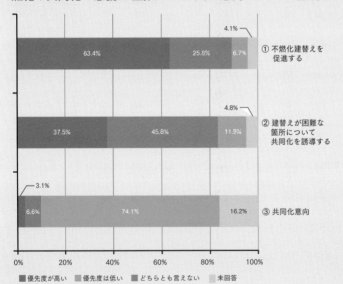

大和町のまちづくりに関するアンケート調査結果（2014年）〈fig.72〉ただし、配布数 9,391、
回収数 848、回収率 9.0% である

2014年に杉並区大和町で実施されたアンケートでは「実際に共同建替えを検討してみたい」という住民は全体のわずか3.1%、「興味があり専門家の話を聞きたい」が6.6%、「共同化の意向はない」が74.1%という結果に終わりました〈fig.72〉。

この理由としては「建替える必要がないから」のほかに「話し合いが進まないだろうから」「建築費や土地の持ち分について、話し合いがまとまらないだろうから」「めんどうだから」などと交渉難への懸念が挙げられていました[*6]。そのため、「ぜひ参加したい」は全体の1.5%、「条件付きであれば参加したい」は29.6%で、「不参加を選ぶ」は26.2%という割合でした。近年でも「入り口部分の人だけの環境が良くなって、奥のわれわれには恩恵がない」「地型が悪くなる」「建物が小さくなる」等、交渉が不利になるという予想があるようです[*7]。

こうした懸念を解消するためには、どんな公的な施策が有効でしょうか?

　交渉の開始や結果に関する不確実性を抑えるためには、「共同建替えを勧告する」、「個々の土地評価額を第三者機関で確定する」、「建替え事業を計画・運営支援する専門家を斡旋する」、といった措置が有効です[*8]。

共同建替えがなかなか進まない状況は、「囚人のジレンマ」つまり「お互いが協力をすれば双方が得をするにも関わらず、相手がどちらを選んでも自分が協力しないほうが得をする場合に、お互いに損をする状態」にはまっていると考えられます。

次頁図〈fig.73〉がそのモデルですが、双方が共同建替えに前向きなら、接道区画の地権者は7、接道不足区画の地権者は5、という資産価値を得られます。しかし接道区画の地権者にとって、相手から話をもってきたときにすぐ同調すると7、様子見で足元を見て交渉しようとすると8を期待し、また相手が様子見のときこちらから話をもち掛けると手間暇も掛かるし足元を見られて不利なので5、こちらの様子見なら現状のまま6、ということになり、相手がどちらを選択しても、自分は様子見のほうが得をします。同様の状況が接道不足区画の地権者にとっても当てはまるので、相手も様子見になり、結局、共同建替えに至らないことになります。設問の状況は、このようにモデルに置き換えることができます。

　このモデルで対策を考えてみましょう。囚人のジレンマに陥るのは、「どちらの地権者も様子見ができる状態にあること」、「共同建替えを率先したほうが交渉事で手間暇も掛かりそうだし、足元を見られて不利になるのでは、と

接道不足区画側 接道区画側	同意	不同意
同意	7, 5	5, 6
不同意	8, 3	6, 4

囚人のジレンマの利得表〈fig.73〉双方が共同建替えに合意すれば、7+5で両者とも最大の利得が得られる。しかし相互にコミュニケーションがないと、接道側は相手がどちらを選択しても7＜8、5＜6と様子見が得になり、接道不足側も相手がどちらを選択しても5＜6、3＜4と様子見が得になる。そして双方様子見の状態で一方が選択を率先に変えても損するので、この双方が様子見する膠着状態に陥る

いう交渉の不確実性が懸念されている」、「将来に接道条件や道路後退義務等の規制緩和を見込んで、様子見のほうが得をするように感じている」といった理由が挙げられます。したがって、対策としてはまず直球ですが様子見の選択肢をなくすこと、つまり建替えを命令ないし勧告することです。また交渉の不確実性を抑えるために、交渉の経過や手腕によらずに公的な第三者機関で土地評価額を定めることが自力建替えに有効でしょう。建替え計画を用意し、交渉や事業運営支援を担う専門職能が起用されれば、交渉等の手間暇も減らすことができます。

　また規制当局として公平性や一貫性の観点から、今後も接道条件や道路後退義務等を緩和しないことを表明するのも重要です。こうした公的手段を講じることで、下図〈fig.74〉のように、双方の地権者も共同建替えを選択するほうが得をします。いずれの方法も財政負担はそれほどなくて実行できるのも長所だと言えます。

接道区画側 ＼ 接道不足区画側	同意	不同意
同意	7, 5	6, 4
不同意	6, 4	5, 3

囚人のジレンマ解消の利得表〈fig.74〉接道側は相手がどちらを選択しても7＞6、6＞5と率先が得になり、接道不足側も相手がどちらを選択しても5＞4、4＞3と率先が得になる。そして双方率先の状態で一方が選択を変えて様子見にしても損するので、双方は共同建替えに合意して揺るがない

31
*
大都市を低層化したら、いたずらに都市圏が拡大するのではないか？

都心部を5階建て、周辺部を3階建てとすると、現在の都区部の延床面積は半径何km圏に収められるでしょうか？

おおよそ12 km圏になります。

グラフ〈fig.75〉の黒線（現状）は横軸に区ごとの宅地面積を足した数字、縦軸に区ごとの平均階数を高い順から取っています[*9]。したがって、この黒線の内側の面積が現状の延床面積を示しています。一方、グレーの線は都心部の7区（千代田、中央、港、台東、渋谷、新宿、文京）を5階に、周辺を3階に揃えていったときのグラフです。比較のために宅地面積、すなわち総面積×建蔽率（約60%）は現状も今後も同等としています。

このとき黒線内の面積とグレーの線内の面積が同じになるのは、延床面積が約5万ha、赤線で宅地面積が約4万8,000haになるところです。このとき計算上では、郊外の4区（足立、葛飾、杉並、練馬）は何も建ってな

くても都市人口が収まる状態になっています。

　建蔽率を 60% とし、円の面積から半径を求めると、半径は約 12 kmとなります。自転車で十分行き来できる距離です〈fig.76〉。

　高さ制限を緩和してタワーを各地で林立させなくても、中低層に抑えるだけで十分に集約的な都市空間が構成できることがわかります。

　「東京は狭いから高層化しなければ」という主張は事実に反しています。

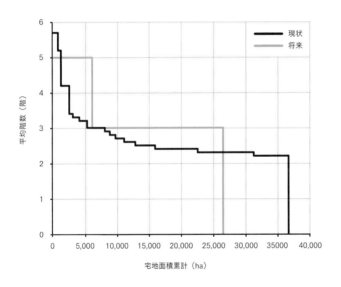

宅地面積累計と平均階数（区単位）〈fig.75〉5 階建ては高さ 15m 相当であり、地上高度 42.5m にて風速 5m/ 秒以上の強い海風を遮ることがない。高層ビルと比べて壁面量も階数分少なくなり、顕熱によるヒートアイランド現象も抑えられる。周辺部の 3 階建ては主に壁式コンクリート造になり、木造に比べて防火性、耐震性、耐久性にも優れる

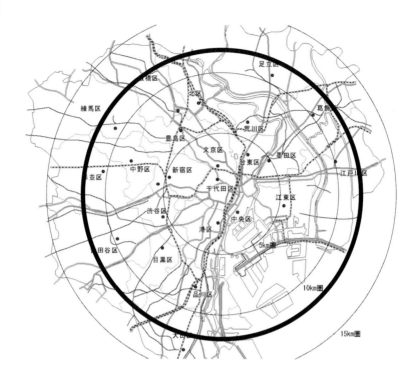

東京12km圏〈fig.76〉10 ～ 50歳男女による試験走路では軽快車の平均時速16.7km / 時、
アシスト車18.5km / 時を記録している[*10]。ロードバイクなら出力200wであれば35km /
時になる。徒歩・自転車が主な移動手段になれば、都市構造も多極化すると考えられる

魅力的な街並みをつくるため景観規制を導入することには、市民の半数以上の支持があります[*11]〈fig.77〉。

一方、全体の棟数を 2~3 割にしながら共同建替えが

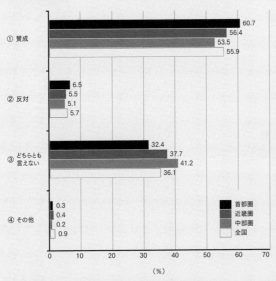

① 賛成
- 60.7
- 56.4
- 53.5
- 55.9

② 反対
- 6.5
- 5.5
- 5.1
- 5.7

③ どちらとも言えない
- 32.4
- 37.7
- 41.2
- 36.1

④ その他
- 0.3
- 0.4
- 0.2
- 0.9

凡例：首都圏／近畿圏／中部圏／全国

(横軸) 0 10 20 30 40 50 60 70 (%)

景観規制導入について〈fig.77〉景観規制導入に賛成する人々は、首都圏 60.7%、近畿圏56.4%、中京圏 53.5%の割合を占める。景観法公布以降、38 の景観条例が新たに制定もしくは改正されたが、景観計画を策定している都道府県は 20 に留まっており、広域景観においては景観法が十分に運用されていない[*12]

進むと、街の景観は左右されるように感じます。どのような景観規制を設定するのがいいのでしょうか？

 東京都安全条例では、長屋建てでは 2m 以上、共同住宅では 3m 以上の敷地内通路を義務付けています。この敷地内通路に着目し、客観的な基準を導くために以下のような実証的研究による成果を活かしてみましょう[*13]。

① パーソナルスペース：他人同士でもいずれ接近して話を始める近接域（1.5~3m）がある。一方、すれ違い時に気にならない対人距離は、知り合い同士では 75 cm前後、知らない者同士では 200 cm前後である。

② 建物の圧迫感：建物から 1m の距離では高さ 10m が上限になる。
圧迫感＝ 2.401+2.197 × log 形態率 +1.667 × log アスペクト比が 4 以下。形態率は魚眼レンズで天空写真を撮影したときの画面に占める建築物の面積の割合、アスペクト比は建築物の高さ÷幅。

③ 立ち話：親しい同士では 0.6m である。

④ 遊び場：子どもたちには、車 1 台分の幅の路地や、奥行 1.2m 以上の半戸外が適度な囲われ感があって好まれる。

⑤ 日照：曇天でも読書や手仕事に最適な自然光が室内に導かれる（読書に最適な光量は 500 ルクス、手芸・裁縫に最適な光量は 1,000 ルクスである）。

⑥ 風通し：有効窓面積 27% 以上、四面開口であれば、真夏でも風速 0.7m/ 秒以上の風が入り、体感温度が 7~9℃下げられる。

一例として、以下の 6 つのデザインコードが考えられます。

a) 路地：幅員 2~3m の天空通路を取る。

b) 高さ：軒高は 3 層分 10m に抑える。

c) 粒度：各住棟の規模は、縦横高さの 3 辺合計 25m 以下とする。

d) 隣棟間隔：住棟間隔は 75 ㎝以上とする。棟同士が接する場合は、接続部分の面積は各棟の接続側の壁面積の 1/3 以下とする。

e) 外壁明度：路地に面する建物外壁の色合いを明度 8 以上とする。

f) 引き：1 階部分のみ路地側から奥行 1m・間口 2m 以上の一部壁面後退を取る。

人口集中地区の景観規制を考える際には以下の観点が重要になります。

1) 明確で定量的な基準とする：これを怠ると、恣意的で不公平な判断になり得る。

2) コード数を最小限に抑える：コードが多すぎるとすべてを満たせず、適用するコードの選択に恣意性が働く。

3) 設計の自由度を与える：画一的過ぎると、自分の居場所も見分けがつかない。

4) 事業採算性を損なわない：コードが容積消化を妨げると共同建替え事業が成立しない。

a) 〜 f) の 6 つのデザインコードはこうした観点を考慮しながら、ヒントに挙げられた環境条件を満足しながら制約し過ぎないよう、試行錯誤しなが

ら構成した例です。下表〈fig.78〉は、6つのデザインコードがヒントに挙げ
たような環境条件を満たすことを示したものです。

　また次頁写真〈fig.79〉は、こうしたデザインコードに沿ったよう
に設計された集合住宅群です。これらの計画が事業として成立した
ことから、これらのコードは事業性を損うものではないことがわか
ります。

	路地幅員	高さ	粒度	隣棟間隔	外壁明度	引き
心理的距離	近づくにもすれ違いにも適度な距離感			視線に抜けがある		
建物の圧迫感		10m 以下なら圧迫感は感じずにすむ	長大な壁が連続するのを避けられる			
立ち話	何気なく出会う機会を生む	上階とでも会話ができる		視線が通って開放感や活気がある	気分も明るく表情もよく見える	たまり場になって通行を妨げない
子どもの遊び場	外遊びにちょうどいい	窓際から子供を見守れる	物音で遊び仲間を呼べる			安心して座り遊びできる
日照	天空から直接・間接に光が注ぐ	冬や朝夕など太陽高度が低くても明るい	棟間からも反射光が入る	1 日 2 回は奥まで光が差す	2 回の反射光で室内に十分な光量	
風通し	表通りや上空から適風を導く	中低層分棟の雁行配置ないし囲い込み配置は外部空間に適風域をもたらす	建築面積に対し外周が多く、有効窓面積 27%以上、四面開口を取りやすい	路地を出入りする風にいくつもの通り道を増やす		

木造密集地域の共同建替えにおけるデザインコード例〈fig.78〉縦軸には求められる環境条
件として、心理的距離、建物の圧迫感、立ち話、子どもの遊び場、日照、風通しを挙げている。
横軸には、路地幅員、高さ、粒度、隣棟間隔、外壁明度、引きといった 6 つのデザインコー
ドを構成し、これらが複合しておのおのの環境条件を満足させている

コーポラティブハウスの事例〈fig.79〉中庭は住人たちによって丁寧に手入れされた場所となっており、長屋形式のアプローチとも相まって、お互いに心地良い関係性をつくり出すことに成功している。各住戸は気積の異なるユニットが集合しているため、床や天井にレベル差がある。その差が中庭とおおらかにつながるオープンな空間やプライベート空間といった各々の場所を性格付けながらも、ひとつながりの生活の場をつくり出している。「緑ヶ丘のコーポラティブハウス」（設計：若松均建築設計事務所、2015 年、左下）の 2018 年日本建築学会作品選奨講評より引用。

中野区における共同建替えの事例「タウンハウス野方」（設計：清水知和＋相原まどか/YUUA 建築設計事務所、2012 年、右上）では、木造家屋 3 棟（うち 1 棟が再建築不可）の 3 区画を、1 区画 800㎡弱に統合して、地上 3 階 11 戸の集合住宅として共同建替えをしている

*** 人間優先で
道路を管理する方法は？

 道路の利用については、以下のような相容れない重要な
要望があります。

① 安全のため生活道路への抜け道交通を防ぐ〈fig.80〉。

② 店舗等への荷捌き車両や住宅への宅配便の通行は妨げない。

③ 自転車が街中を安全で快適に通行できる <fig.81>。

④ 交通弱者の近距離移動を助ける。

⑤ 路上市を開催する〈fig.82〉。

路上の子どもたち〈fig.80〉　道路交通法第 76 条4「何人も、次の各号に掲げる行為は、してはならない。三　交通のひんぱんな道路において、球戯をし、ローラー・スケートをし、又はこれらに類する行為をすること。」

⑥ 市街地の交通渋滞を抑えたい。

どのような方法で道路利用を管理すれば良いのでしょうか？

オランダの自転車通勤〈fig.81〉 オランダでは九州ほどの国土に約1万8,000kmの自転車
道が整備され、総道路延長の9%を占める。フローニンゲン市では2020年までの自転
車関係予算として8,500万ユーロ（約100億円）を確保し、自転車の交通分担率61%
に達している

土佐の日曜市〈fig.82〉 300年以上の伝統を誇り、毎週日曜日、高知城に通じる追手筋の
片側2車線、約1,000mに約400店が建ち並ぶ。約1万7,000の人出で賑わう

答えは、「**タイムシェアリングを応用すること**」です。

　　　　　　タイムシェアリングシステムとは、複数のユーザーが高価
な１台のコンピュータを並行して利用できるように、個々のユーザーの待ち
時間に着目してユーザー単位に CPU を時分割で使用する仕組みのこと
です。道路ネットワークといった高価な１つの公共財についても、このタイム
シェアリングシステムを援用することで複数のユーザーが快適に利用するこ
とが可能になります。

① 生活道路については、居住者以外の車両を進入禁止とします。登録車
両以外にはライジングボラードで自動的に通行を制御する方法があります。
これは、ポール型車止めを自動的に昇降させ、通行資格のある車両のみ
を選択して通行させるシステムです。

　通行資格のある車両は、IC カード、リモコン、路車間通信などを使ってボ
ラードを昇降させます。

② 商店街などの荷捌きには、規定の時間帯以外を通行禁止とします。これ
もライジングボラードを設置し、所定の時間帯では作動させることができま
す。宅配便については登録車両に含める方法以外に、電動自転車カーゴ
を優先させる方法もあるでしょう。

③ 自転車には、幹線道路中央に専用車線を連続して設けます。現在は道
路の左端に青色で塗装された専用通行帯が設けられていますが、幅が狭く
て追い越しもできない、断続的で何度も歩道に乗り入れなければならない、
左折車両に巻き込まれる、違法駐車を避けて車線に出ざるを得ない、とかえっ
えって危険でいい手段とは言えません。

現在では違法な路上駐車によって実質的に左側の1車線が塞がっているので、自転車専用車線を設けてもそれほど支障はないでしょう。また両側通行では計2車線になりますが、一方通行にすれば自転車専用には1車線を割くことで済むでしょう。

④ 都市内の近距離移動については、路面電車による路線網を道路に優先的に整備し、都心部に来る自動車利用者は外周部で乗り継ぐものとします。路面電車には、定時性があって排気ガスもない、という長所があります。

　自動車の通過交通については、東京では数十兆円も投じて3環状道路を整備したのですから、それらを通行すれば問題ないはずです。

⑤ 日曜市などの路上市や、オフィス街の路上レストランなどについても、曜日や時間帯によって車両通行を禁止することで成り立ちます。

⑥ ロードプライシング、自動車が指定された市街地に入るときは、事前にインターネットやCVS等で混雑税を支払う、違反者は各地の監視カメラが車のナンバーを読み取って罰金を科す、というシステムによって交通量を抑制します。これは混雑という外部不経済を内部化するピグー税の1つです。

　ロンドンのコンジェスチョンチャージは、中心部の40㎢を対象区域とし、平日の日中に一律1日約1,000円、違反者には2週間以内の支払いで8,000円の罰金を課す方式としています。導入後は旅行時間では3割、入域交通量は2割減少し、市民にもおおむね好評です[14]。

34

* 現代の都市では
相互扶助は期待できるのか？

 共有の牧草地で各自が羊を放牧するとき、儲けを多くしよう
とそれぞれがより多くの羊を飼い始め、結局、牧草も食い尽く
されて牧畜が成り立たなくなる、という「共有地の悲劇」説
がありました。これに対し、エリノア・オストラムらは世界各地で数千もの事
例に当たり、共有地の利用者たちが自主的に管理組織を設立して利用
ルールを定め、長期持続的な資源管理ができていることとその条件を明ら
かにしました*15〈fig.83,84〉。

草刈り〈fig.83〉松江市忌部地区では軽微な作業の助け合いのために、地区社協でボラン
ティア組織「輪の会」を立ち上げた。増加する高齢者世帯の依頼に応じ、家屋周辺の草刈り、
庭木の伐採、家屋修理、障子やふすまの張り替え、除雪、お墓の清掃などを手助けしている

しかしこうした事例は農山村の地域コミュニティ特有のものであって、職住分離で時間の余裕もなく、家族優先主義の市民が多い現代日本の都市では、こうした相互扶助は望めないものでしょうか？

①	コモンズの境界が明らかである
②	コモンズの利用と維持管理のルールが地域的な条件と調和している
③	集団の決定に構成員が参画できる
④	ルールが遵守されるように監視がなされる
⑤	違反への罰則が段階的に与えられる
⑥	紛争解決の仕組みが備わっている
⑦	コモンズを組織する主体に権利が認められている
⑧	コモンズの組織が入れ子状に構成されている

オストロムによる長期持続型コモンズの存在条件〈fig.84〉オストロムは世界各地の山野海川のフィールド調査から、入会林野、漁場、灌漑施設などのローカルコモンズが、国家や市場ではなく、地域コミュニティによる自治管理によって持続的かつ効率的に管理されることを示した。そのデザイン原則として、表の8つの原則を挙げている

都市はもともと人が集まって協力し合うところですから、現在でも設定次第で相互扶助もなされます。

　コーポラティブハウスとはもともとは面識がない人同士が10世帯ほどで集まってつくるものですが、ともにプロジェクトを進めていくうちに気ごころの知れた間柄になり、入居後にもお互いに助け合う様子をよく耳にします〈fig.85〉。

・長期海外出張中の住人の鍵を預かり、定期的に窓を開け換気する。

コーポラティブハウスとコモン〈fig.85〉中庭は、遊び場やビアガーデン、ときに結婚披露宴の場として共同利用される

・休日に勤務する隣人の子どもを、自分の子どもたちと一緒に公園に連れて行って遊ぶ。

・大地震の際に、在宅の隣人同士で声を掛け合い、ある家庭のリビングに集まったことで不安が薄れた。

・鍵を忘れて家に入れない子どもを、しばらく隣人が預かった。

・入居者の結婚披露宴を、共有の中庭で開いて居住者の皆で祝った。

・母親同士が集まり、リースづくりやお菓子づくりの会や、忘年会などを催す。交流は多い。

・1つ上の子どもがいる家庭から、おさがりで洋服を譲られる。椅子なども貸してもらう。

・隣人の子どもが、うちの犬と触れ合いたくて、家に来たり一緒に散歩をする。

・エントランスまわりとエレベーターの掃除は1週間単位の当番制に。週に1~2回の頻度だが楽しみながら続けている。

・年に数回、草むしり大会を開く。そのあと中庭でビールを飲みながらバーベキューをする。

　このように、都市でも小さなコミュニティが成り立っています。その場限りの目先の利益に各自が動くようなときは、協力関係は崩れるものです。しかし逆に、ずっと長く一緒に暮らすような間柄になると、目先の利益でさぼったりズルをするよりも、先のことを考えお互いに助け合うほうがためになります。ずっと気まずい思いをするのは避けたいからでしょう。こうした協力はこの共有空間において目に見えるものなので、誤解や誤魔化しの余地がありません。普段からコミュニケーションを取っているため、余計に「そんな意図ではなかったのに」というような誤解も生じにくいのです。

　こうした動向は繰り返しゲーム理論によって明らかにされていて、仮に各人が利己的に振舞っても、こうした協力関係に至ることが知られています。たとえば京都の旧市街の町では平均人口が220人ですが、そのなかの大人同士であれば名前と顔は一致しますし、両側町であり皆の目の届く通りが中心なので、協力関係が育まれやすいとも考えられます。

　逆に、大規模分譲マンションでは管理がなかなかうまくいかない理由を考えてみましょう。大半の人たちは将来にわたり居住し続けるため、本来であれば目先の利益に走らず、協力関係になりそうなものです。けれどもたとえば、ごみ置き場に指定曜日以外に捨て置かれるという事態もしばしば起こります。この問題はこっそり捨てれば、「目に見えない」ことに由来します。管理

費未納については、最終的には督促や訴訟といった法的手段を取るにしても、その前段階の牽制が効きにくいことも一因です。お互いに顔見知りでもないため、未納では恥ずかしくて挨拶もできない、という心理的な負担が掛からないことになるためです。このように考えると、コミュニティで協調が促されるためには、「見える化」と「心のペナルティ」が意外に重要になっていることがわかります。

さらに大きなコミュニティにおいて、協調に留まらず、相互扶助が根付く場合を考えてみましょう。無償奉仕のボランティアをアテにしなくても、相互扶助が成り立つ状態です。小さなコミュニティと違い、コミュニティの規模が大きくなるにつれ、誰が何に困っていて、誰が何を支援し得るか、がわかりづらくなります。

ここで重要になるのが世話好きの存在です。スモールワールド性と呼ばれますが、知り合いの知り合いの…と辿るとだいたい6人を経ればお目当ての人に当たるそうです。伝手をたどるうちに、多くの人と知り合いの世話好きに当たります。この世話好きに相互扶助に関わる情報、たとえば「夜間保育に困っている人が結構多い」といった話が集まっていけば、お互いを結び付けることができるのです。

相互扶助、つまり助ける・助けられるという関係は、最小の2人から始められます。知り合いが多い中心となる人物がきっかけをつくり、知り合い1人と、たとえば「お互いに非番のときに子どもを預かる」という約束をします。そこにまた別の知り合いが加わり、中心の人がほかの2人を結び付け、約束を3人の間で結びます。消費者と企業との関係と、この相互扶助が異なるのは、分業ではなく「2人の間で仕手と受け手の立場を入れ替え同じことをし

合う」中心人物の働き掛けで「ほかの 2 人の間でも約束が交わされる」ことです。こうして中心の人が知り合いを 1 人づつ加えていくことで、対称律と推移律に従って着実に相互扶助の輪が広がります。お互いに密にコミュニケーションが取れるため、夜間保育の例のように、この相互扶助の中身は「見える化」され、約束を違えるとたちまち子どもの預け先に困るという「心のペナルティ」があるため、協調が長続きします。

　かつてお互いに掛金を出し合い当座のお金を融通する、という「講」が発展したのも、このように結び付きが着実に広がる仕組みが働いていたからとも考えられるでしょう。

　以上のように、共通の課題があり公平な分担ができる場合には、「見える化」「ペナルティ」といった条件が備われば、都市でも相互扶助が成り立つことが伺えます〈fig.86〉。

　次に、自分への見返りを求めない扶助を考えてみましょう。たとえば、ニュースでも話題になった、米ジョージア州のモアハウス大の卒業式でスピーチをした投資家が寄付で卒業生全員の学生ローンを肩代わりするというような例[*16]。大物アーティストが都心に音楽スタジオをつくり、将来を嘱望される若手に割安に貸す。バレエを観て前向きな気持ちを取り戻せたからと若手ダンサーたちを支援するため遺贈するというのもそれに当たるかもしれません。

　この背景には、「恩送り」の価値観があると思われます。「恩送り」とは誰かから受けた恩を直接その人ではなく、別の誰かに送るという考え方です。自分が先達や周囲の人々から助けてもらったように、今度は自分が次の世代を助けようという「恩送り」が、さらに次の世代、また次の世代でと世代をつな

ぐものになれば、コミュニティの持続的な成長が望めます。

　都市のビジネス社会は弱肉強食の実力次第、頼れるのは自分だけ、実力でのしていく、といったイメージもあります。しかしどんなに優れたアイデアでも、それに賭けてくれる仲間や、見込んでくれる出資者といったまわりの助けがなければ何も生まれません。困った場合などはまわりの人たちに物心両面で支えられてきた、というのが実際のところです。これを忘れなければ、都市のコミュニティでも恩送りの価値観を埋め込めるのではないでしょうか。

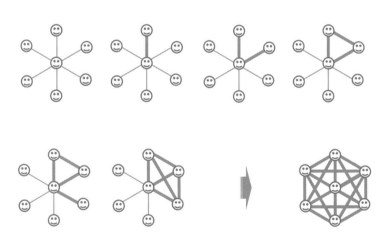

相互扶助のネットワーク〈fig.86〉相互扶助が2人の間で始まり、3人の輪になり、お互いを信頼し合える範囲にまで広がる。伝統的な講もこの相互扶助システムの例であり、多賀神社参拝者を介護し合う多賀講が、緊急時に人びとを救う相互保険制度の基盤となり、現在の日本生命に発展した。遠州では1847年報徳社によって相互扶助等の報徳思想が広まり、1874年設立の資産金貸付所では個人や企業の貯蓄を子孫や他人、社会のために譲ることで、のちのヤマハやテイボーなど新しい産業を生み出していった

35
** 都市は格子状でない
いけないのか？

古今東西を問わず、格子状の都市が世界中で広く見られます。長安の条坊制を見習って、藤原京、平城京、平安京が造営され、近世の城下町も短冊状に構成されました。

近代では札幌もその例の1つです。大陸でも、モヘンジョダロ、ハラッパから古代ローマにその原型が見られ、フィレンツェ、グラスゴー、南米植民都市、マンハイム、グラスゴー、バルセロナ、フィラデルフィア、ニューヨークといった都市も格子状に計画されました。しかし、道路整備等による格子状の都市構造は、人間のための都市にふさわしいものでしょうか？

人間のための都市とは、街路は等高線上に配置され、沿道の建物も圧迫感がなく、街が歩きやすく、程よい距離感に出会いの場所や憩いの場所などが置かれ、人びとに開かれている構成であり、格子状の高層街とは対照的であると考えられます。

この違いを大学のキャンパスで見てみましょう。大学のキャンパスは、業務（研究・教育）、運動、休憩、交通、購買・外食、居住など都市空間に

求められる機能をコンパクトに配置しているため、都市計画のモデルともなります。次頁上図〈fig.87〉は横浜国立大学常盤台キャンパスの配置図です。等尺の次頁下図〈fig.88〉の東京大学本郷キャンパスと比較しながら、計画の特徴を挙げてみましょう。

　横浜国立大学常盤台キャンパスには次のような特徴があります。

①人間中心：歩車分離された人間に優しい歩行者モールが設定され、低層の建物が中心とされている。

②自然共生：ヴォリュームのある樹木が保全され、多様な外部空間が用意されている。

③非シンボル性：合理性に基づき空間配置がなされ、権威付けのための不必要なモニュメントや中心性が設けられていない。

④非グリッド性：自然地形に沿って曲折する歩行者モールや建物群が自在に配置されている。

　これらの特徴は世界中のキャンパスと比べてもユニークで、その居心地の良さはこれからの都市空間モデルとして見ることができます。キャンパスの中央には地形の等高線に沿って曲折する高低差のない歩行者モールが設けられ、ヴォリュームのある樹木に囲まれています。「人間を中心」とし「自然と共生」する思想がここにはあります。

　この「人間を中心」としたマスタープランは、河合正一教授によるものです。その思想は自身の訳書、パウルハンス・ペータース『人間のための都市』（原著1973年）に現れています。そのマスタープランとは、「人間の脚が快適な距離に対しての絶対的な標準」であること。「地域全体およびそ

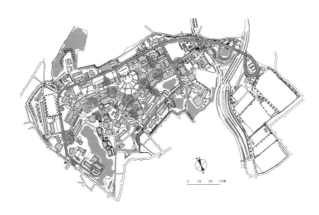

横浜国立大学常盤台キャンパス〈fig.87〉敷地面積 45 万 5,531㎡、延べ面積 19 万 2,192㎡、教職員数約 900 人、学生数約 1 万人

東京大学本郷キャンパス〈fig.88〉敷地面積 40 万 2,682㎡、延べ面積 72 万 5,772㎡、教職員数約 8,000 人、学生数約 2 万人

の中の最も重要なところどころは、…楽しい思いがするようでなければならぬように配置・設計」するものであること。また「垂直の方向では階数を減らし、水平の方向では互いに関連する住居地区をより密接に連絡し、…道をより短く、より快適で、しかもできるだけ交通手段に頼らない」「歩行者ゾーンが都市の事実上の中心点、出会いの場所になるためには、それが消費を超えてできるだけ多種多様な活動のために開放され」「（あり過ぎるほどの）通り抜けを備えた家屋と中庭網（をもつ）」などと具体的に描かれています。またこれからの郊外都市としては「都市的な狭さをもつようになるので中心地区は必要ではなくなる。これらは線状…、櫛状あるいは網状の活動領域によってとってかわられ」「どんな特殊な機能も持たず、出会いの場としてひとびとが好んで集まるように十分な広さをもち、形造られている広場を（もち）」「すべての商店はこの線状システムに組み入れる」といった常盤台キャンパスに通じる構成要素・手法が述べられ、「このような郊外都市では、人間はただ住む以上のこと、生きることもできるのである」と結ばれています。

　「自然と共生」については、宮脇昭教授の"ふるさとの木によるふるさとの森づくり"の原則が活かされています。土地造成は最小限に留め、樹木群はできるだけ残したうえで新たに植樹を行う計画として、人間が緑と共生する環境保全林をつくるため、潜在自然植生となる苗木が植えられ、移転以前の樹木と相まって現在の森を形成しています。

　こうした思想に基づいて、常盤台キャンパスを構成していったデザインコードを逆数学のように求めていくと以下のようにまとめられるのではないでしょうか。

① 徒歩圏を対象街区として設定し、計画・管理のための委員会を置く。

② 敷地内にある28mの標高差を活かし、等高線に沿って歩行者専用の
モールを中央帯に設定する。モールには溜まり場として100~200m間隔
でポケットスクウェアを配する。モールの下に共同溝を設ける。

③ 街区外周に車両が通行する基幹道路を設ける。周回・通り抜けはでき
ない。基幹道路から枝道を引き込み、枝道ごとに駐車場を分散配置して、
車両通行および資材・設備の搬入に当てる。外周は、幅10m内外の
境界環境保全林で囲む。

④ モール中央部は、図書館をはじめとする人びとの活動・支援・交流の
ためのコアエリアとし、端部および外周部にサービス・福利厚生のための
ゾーンを置く。

⑤ 街区内の各ゾーンは、活動（ここでは学問領域）の特性と関連性を踏ま
えて、緩やかに用途を指定する。

⑥ モールに沿って両側に3~4層の集客施設（ここでは講義室棟）、後ろ
に5層ほどの中層建物（研究棟）、さらにその後ろ・外周部に7～8層の
高層建物（実験棟）を配置する。

⑦ 建物群は純白とし、大きな凹凸をもつ壁で包み込む。モールに従って歩
くとき、移り変わる建物の相貌がきめ細かく次々変化するような展開と間の取
り方を定める。

⑧ 多層構造の環境保全林を広域に形成する。そのために既存樹木群を
保存し、自然保存地区として残す。植栽も常緑広葉樹の高木を中心に潜
在的自然植生をつくる〈fig.89〉。

　全長700mものモールには講義室棟から大勢の人々が出入りし、知り
合いと出会う機会をつくります。モールに沿って歩くと、視野に入る建物群の

横浜国立大学常盤台キャンパス。舗道の大樹と講義棟前の溜まり場〈fig.89〉横浜国大では建築系の教員を中心とする「キャンパスデザイン計画室」が設置され、キャンパスマスタープラン等の検討を行っている。こうした体制によって、居心地の良いキャンパス空間を細部に至るまで具体化している

凸凹のある姿はきめ細かく次々変化して退屈しません。建物の高さも抑えられ、壁面も小割りになっており圧迫感もありません。建物の外部や溜まり場では、1人あるいは仲間とめいめいの時間を過ごしています。また、緑地等の面積は45万㎡の敷地の44%を占め、建設から32年後の調査では、保全林の中には樹高24mの大木も育ち、自生種108科508種、植栽種65科132種が記録されています。

　こうしたデザインコードを既成市街地に適用すれば、いままでの「車中心」「分け隔て」の発想から「人間を中心」「自然と共生」に転換した都市空間を再生していく可能性があると思います。既成市街地の多くは、歴史的に寺社を中心にその沿道から街が形成されてきました。こうした街区の外周に、近年延焼遮断帯が整備されています。このような街区には常盤台キャンパスを構成したデザインコードがほぼそのまま適用できると思われます。

　実際の町（町屋2〜4丁目）を調べたところ、以下のような特徴が見られ、常盤台キャンパスを構成する8個のデザインコードのうち、①②③④⑥⑧のように6個が当てはまることがわかりました。

① 対象街区は延焼遮断帯によってほぼ徒歩圏の範囲で区分されている。

② 街区中心帯には、人が歩きやすく車の通行には難しい自然な道筋が等高線上に通じる。

③ 街区外周はすでに基幹道路が通じ、中高層建物および高木の樹木が並ぶ。

④ 町会会館等の交流施設も、こうした自然な道筋に面して点在する。〈fig.90〉

⑥ 沿道は低層建物が連なり、住商工混在地域を為している。

⑧トンボ池に野鳥が飛来するという自然を活かした公園（東尾久之原公園）が隣接する。

足りないデザインコードについては以下の工夫で補うことができるでしょう。

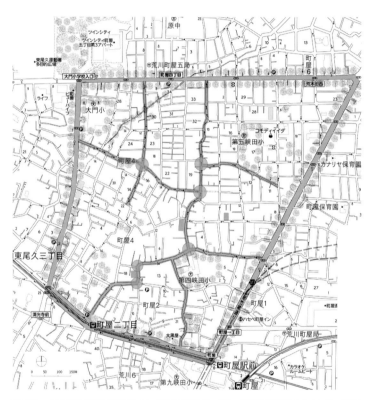

町屋2〜4丁目におけるデザインコードの適用例〈fig.90〉木造密集地域の多くには、街区外周はすでに基幹道路が通じ、中高層建物および高木の樹木が並んでいる。街区中心帯には、人が歩きやすく車の通行には難しいような自然な道筋が通じ、沿道は低層建物が連なって住商工混在地域をなす。町会会館等の交流施設も、こうした自然な道筋に面して点在する。したがって、このデザインコードは大きな都市形状の変更をせずに適用し得る

①については街区を計画・管理する委員会を自治体と市民とのパートナーシップで設ける。⑤については商店街全体にテナントマネジメントを導入する。⑦については前述の共同建替えに関するデザインコードを用いることで街区に枠組みを与えることができます。

　以上の方法で街区に大枠を与え、その中の区画群を順次、共同建替えによって建物を3層で連ねていくとします。ちなみに現在、荒川区は宅地比率59.3%、グロス建蔽率34.5%、グロス容積率は117.0%。一方、常盤台キャンパスは敷地面積45万5,531㎡に対して延べ面積19万2,192㎡ですから、グロス容積率は42%。現在の延床面積をそのまま引き継ぐとして、建築密度としては、常盤台キャンパスの3倍程度という見通しとなります。敷地面積の44%を占める緑地、伸びやかな広場、運動場を備えたようなキャンパスと比べると建築密度が増す分、敷地内空地や道路をうまく活かすことが重要になるでしょう。

36
***
巨大資本でなければ、市街地再開発はできないのか?

 再開発事業は、用地買収や施設建築物の整備等に先行して費用が発生し、最後に収入を得るまで借入金で賄うという事業スキームです。

1976年に着手された阿倍野再開発事業は大阪市を施行者として、木造密集地域の防災と高度利用を目的(不燃化率19%を100%に、容積率100%から470%へ、住宅供給900戸から3,100戸へ)に、施行区域約28ha、権利者数3,000人以上を対象として、総事業費4,810億円を掛けて2019年に施設整備が完了しました。しかし結果として約2,000億円もの収支不足になりました。

問題点としては、地価変動で用地買収費と金利負担が嵩んだ点、合意形成に四半世紀も掛かり目玉事業が後回しになった点、その間に景気も低迷し大規模商業施設の事業主体も交代して計画も縮小された点、保留床の売却も困難になった点、プロジェクトの計画・運営に専門家が参画しなかった点が指摘されています[*17]。

これらの問題は、再開発事業のスキーム自体にも絡んでいます。その反省を踏まえると、これからの市街地再開発のスキームには、以下のような条件が必要と考えられます。

① 膨大な用地取得費用等の財務リスクや租税負担を避けられる。

② 地権者との権利調整等に膨大な時間と労力を要しない。

③ プロフェッショナルが関与し、構想・デザインコード等とその実効性が担保される。

④ 一括・一体型の開発だけでなく、長期かつ漸進的な開発をしやすい。

⑤ 公的な支援や強制がなくても済む。

⑥ まちづくりによる一帯の開発利益がほぼ内部化される。

どのような仕組みであれば、こうした条件を適えることができるでしょうか？

 それには、現代版の沽券状システムを導入することが有効です。主な概要を以下に記述してみましょう。

信託方式：用地買収の事業リスクを避けるために、所有権と賃借権を分け、再開発の事業主体が区域全体の賃借権を束ねるものとします。そのため信託方式に基づき、土地所有者は所有権を信託銀行の信託勘定に組み入れ、もともとの土地に賃借権（定期借地権）を設定し、これを再開発の事業主体に現物出資します。信託勘定の年限は、定期借地権の年限以上の期間に設定されます。土地所有者は信託銀行からは信託受益権を受け取り、土地を売却したいときはこの信託受益権を譲渡することになります。

　借地権が設定されると土地の評価額は約3割程度に抑えられるため、もともとの土地所有者にとっては相続税が軽減されます。この効果で相続税を物納せずに済み、相続人はそのまま住み続けやすくなります。

株式会社方式〈fig.91〉：再開発の事業主体は、株式会社化します。元の地権者の利益は株式への配当となります。

　こうして、任意組合に生じるような租税手続き上の煩雑さ（申告手続き、課税・非課税の線引きなど）もほぼ解消されます。株主数にとくに上限を設けずに済みます。匿名組合では構成員の数が20名以上になると、分配金の源泉徴収税20%が課されます。また株式会社は法人格を有するために、借入もできるのも特長です。

　また意思決定も迅速になります。区画整理事業等では、事実上、構成員の全員一致が求められるため、具体的施策の実行が遅れたり、中断したりしがちです。これに対し株式会社方式では、特別決議でも出席者の株式

まちづくり株式会社によるタウンマネジメント

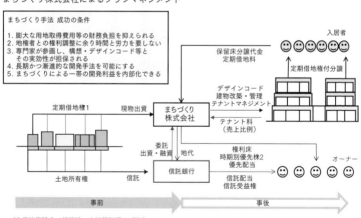

*1 借地権設定で相続時の土地評価額は7割減
*2 配当がない場合には優先株の議決権が復活

定期借地権および信託を活かしたまちづくり株式会社方式〈fig.91〉 この仕組みは、1999年度通商産業省の委託事業として受託し、寺本振透弁護士（現九州大学教授）の協力を得て開発したものである

数が過半数で、3分の2以上の賛成があれば決定されます。

タウンマネージャー：株式会社には**タウンマネジャー**を起用し、まちづくり手法を駆使して定期借地権の現在の価値を向上させます。

　具体的には、定期借地権契約にデザインコードを明記し都市景観や建築計画をコントロールする、自治体とパートナーシップを組んで街に合った街路樹・街灯・屋外彫刻等を整備する、最適な業種・業態の組み合わせを考えてテナントを誘致する、といった業務を行います。こうして区域の賃借料相場が上がり、これが株式会社の利益、そして元の地権者である株主への配当原資となります。この地代・賃借料が上がれば、地価つまり株価も上がって元の地権者も潤う、というメカニズムが働きます。

種類株式：株式の構成を工夫することで、参加する地権者を広げ、タウンマネージャーの意欲を高めることも考えられます。タウンマネージャーには普通株、第1期参加地権者には第1優先株、第2期参加地権者には第2優先株…とし、配当がない場合には優先株の議決権が復活する方式がその一案です。

　地権者は、株式会社への現物出資を先んじることで優先配当が期待できますし、株式会社が順調に立ち上がるまでまちづくりに参画する資格も得られます。タウンマネージャーにとっては一定の裁量権とストックオプションが与えられるわけで、区域の資産価値向上によりインセンティブが働くでしょう。

漸進方式：株式会社の設立は、区域全体をカバーするまで待つ必要はなく、一部の賛同が得られた時点でスタートできます。第一期でプールされ

た区画の範囲内で、空き店舗を改造して本格的なカフェやベーカリー、スイーツショップ、さらにプチホテルなど、まちづくりにインパクトのあることから手掛けていけば、手つかずの現状以下になるリスクは小さいはずです。

　まちづくりの効果が現われ始めると、地権者たちも個々に事業承継や相続税を心配するよりお互いに協力したほうがより潤うことがわかるので、株式会社へ現物出資する地権者の輪も広がってきます。

　こうして当初は少数の地権者から始めた事業でも、まちづくりの進展とともに参画メンバーが加速度的に広がり、最終的にはまち全体の土地所有権が信託財産に、定期借地権がこの株式会社に集約されていくことになります。この段階になればまちづくりの方向もはっきりし、建築協定や景観条例などを制定して一体的な開発をより確実なものにしていけると考えられます。

　この仕組みは、2000年に当時の通産省の委託研究で考案したものですが、のちに高松の丸亀商店街を再生するときに導入されたそうです。

37
** 町は
株式会社化に
馴染まない？

株式会社が土地を保有し、町の開発・運営をしたり、ある
いは自治体が財政自律で会社のように振舞ったりすると、
目先の利益や競争に走って都市基盤整備を怠り、公共
サービスも不公平でおろそかになるでしょうか？

人や会社の移転に支障がなく多数の地域の間で競争と自
由な参入があれば、会社のように利潤を最大化することが、
公共財を最適な負担で効率よく供給することになります。

　ただし開発利益が一部の地権者に、ではなく公的に還元されることが前
提です[18]。

　企業であれば、多数が競争し合う環境では、利潤を追求する行動で価
格と生産量が最適に決まります。

　公共財のほとんどは、じつは対象となる地域を限るものです。公園は散
歩のできる範囲ですし、教育や医療施設もおおむね通える範囲になります。
上下水道、河川管理、道路網などは複数の地域を跨るものの、その範囲に

留まります。警察、防災や社会保障についても、基本的には地域の人々を対象としたものです。この範囲を超えるものは、財産権、会社法や貿易・投資制度、あるいは排出ガス規制、国際司法、人間の安全保障といったように地球規模に広がるものが大半です。

　全国規模の公共財は、感染症や公害対策（ほかの地域にも被害が及ぶ）、初等教育（言語や計算など地域間で不揃いだと他地域の人々にも不都合）ぐらいなのではないでしょうか[19]。

　現在の居場所の地域組織による公共財が税負担に見合わない、あるいは自分のニーズ（高負担高福祉など）に合わない、一方、ほかの地域では公共財は税負担に比べて割安で、自分のニーズにも適う、としましょう。人びとや会社が移転するのに支障がない場合には、現在いる地域から別の地域に速やかに移転します。この地域にこうした流入が重なると、土地代が上がり、それに応じてここの地域組織の収入（賃料や固定資産税収）も上がっていきます。

　このように収入を最大にすることが、公共財を充実させることと表裏一体になるわけです。この地域組織が大きな利益を上げていると、ほかの都市組織がその傍に参入して利益を奪うので、長期的には地域組織の超過利潤はゼロになり、地域組織の数も最適になる、というメカニズムです。

　もっともいまの説明のように、このメカニズムが正常に働くには、地域組織が人びとや企業を惹き付けるように、都市基盤整備や公共サービスを創意工夫できるような経営の自由度が必要となります。「バス停の設置場所を数メートル移動させるだけでも運輸省の許可を得るのに大変な手間が掛かる」ようではうまくいきません。

　そして、公共サービスにその対価、つまり固定資産税の負担が適正であ

ることも欠かせない条件になります。現状のように、固定資産税率が本来1.4% のところが 0.24% となっていると、都市集積に伴う公共財への投資や費用が追い付かず、元の地主だけが潤うことになります。

またこうした利益の大半が自主財源になることも必要です。逆にその多くの部分を都区財政調整制度や地方交付税制度でほかの地域に流出するようでは、この地域組織の経営努力、つまり魅力的な都市環境や公共サービスを効率的に提供して固定資産税収を上げたとしても、こうした努力が報われないので公共サービスもおろそかになってしまいます。

最後に治水や交通網、上下水道といった多数の地域組織をまたがる広域行政については、ただ乗りを抑えるために、個々の地域組織に対して応分の負担を義務付ける仕組みも必要となります。そのうえで広域行政について、専門家とのパートナーシップの下で、地域組織同士で事実と妥当性に基づいて熟議を重ねて計画・運用するといった体制も欠かせません。

地域組織が最適に機能するには、地域主権、固定資産税正常化、財政自立、広域行政が必要です。以上の議論は、都市経済学におけるディベロッパー定理に基づくものですが、「自治体を企業になぞらえるのは、公共性に馴染まない」「新自由主義の発想で、人間性を破壊する」「江戸時代じゃあるまいし」「机上の空論」といった批判もあるかもしれません。しかしこうした地域組織のあり方は、フィンランドにおいてよく当てはまっています。そして、フィンランドは教育や福祉も充実しており、国連の「世界幸福度調査」でも 2 年連続世界 1 位（アジアでは台湾 26 位、シンガポール 35 位、タイ53 位、韓国 55 位、日本 59 位）になっています。

このフィンランドの地域組織は[20,21] 以下の原則で組織されています。

・多数性：フィンランドでは国と 432 の市町村（クンタ）の 2 層制で、市町村の人口は最小 131 人、最大で 56 万人、平均 1 万 2,000 人といった規模である。

・自由度：公共の利益に関する事柄はすべて自治体が処理できる。そして自治体は特別に委任された教育サービス、社会福祉・保健サービス、インフラの維持管理を担わなければならない。

・独立性：市町村には自治権があり、憲法によって国の余計な干渉がないように保障される。

・熟議：行政は、議会（最高意思決定機関）、参事会（政策立案・監督）、委員会（施設運営）にて原則公開で議論される。こうした公職に選出されるのは、ほとんどが自治の素人であり、任命を拒絶することはできない。公職に就くに当たっては、自治体研修所ないし都市研修所でトレーニングを受けることになる。

・広域行政：地域振興や土地利用計画、医療・障碍者福祉などについて市町村は任意に連合を組んで執行する。財源は構成市町村から総支出の 20% を得て、これに加えて料金収入、国からの補助金である。市町村はほかの供給者からサービスを購入することも認められている。

・財政自立：財政均衡の義務がある。自治体間の一般補助金も、財源は自治体税収基準の超過分の 37% として、自律のインセンティブを活かし交付金も規定の算定式で決定されるため恣意性も生じない。

・自主財源：歳入の約 5 割は地方税収で、うち 88% が所得税（個人所得税は平均税率 20% 弱・法人税率 20%）、5% が固定資産税になる。歳入の約 3 割が公共サービスの対価、約 2 割が国からの補助金である。

・経営責任：国からはとくに財政指導もない。ある自治体が財政破綻の危

機を迎えたときでも、国は介入も保証もせず、自力再建している。

　主な財源が、固定資産税ではなく所得税である点のほかは、地域組織モデルに適った仕組みです。注目すべきなのは、議員も市民から町単位の層化抽出法でランダムに選任される点です。従来の代議士制では、典型的な代理人問題[*22]が起こり、代議士の利害は市民の利害と乖離して、代議士たちが利権や保身に走ることになります。これに対して抽選で選ばれた議員が事実性と妥当性をもとに話し合い[*23]、重要な争点はその議論を踏まえて住民投票に掛ける仕組み[*24]であれば、こうした代理人問題も起こらず、また議員の構成も市民層の構成とほぼ一致して、より適切な公的意思決定がなされると思います。

　そして、このように地域組織モデルは、現実に成り立っていることに留意しましょう。

38 社会保障を、機関補助から人的補助に転換できるか？

**

現在の社会保障制度は、政府から外郭団体、施設へと金が流れる機関補助の仕組みとなっています。

施設は審査を受けて補助金を支給されますが、地域独占のため市民には選択の余地がなく、いろいろと我慢せざるを得ません。夜間保育の対応不足などが一例です。増大する社会保障費に歯止めを掛ける必要性があるなかで社会福祉法人に計2.5兆円もの内部留保があることも話題になりました。施設関連の審査や給付などの業務は、日本年金機構、全国健康保険協会、社会保険診療報酬支払基金、社会福祉協議会などの外郭団体が審査や給付などの業務を行っています。しかし給付を受けるまでに煩雑で時間の掛かる手続きと裁量余地が残り、人件費だけで13.6兆円が費やされていることになります。

こうした機関補助を、人びとがより良い施設を選べて、一連の手続きに余計な時間や費用が掛からないような人的補助に転換させるには、社会保障費の流れをどのように変えたらいいでしょうか？

そのためには、これまでの社会保障予算の大半を、ベーシックインカム、つまり個人への一括補助金に切り替えることです。

施設補助は、供給者には都合の良い制度です〈fig.92〉。たとえば医療費は現在 42 兆円にも及んでいますが、その総額は供給者が確実に潤うように決定されます。医師数が約 29 万人ですから、1 人当たり 1 億円の収入として 29 兆円。残りは医療関連業者の取り分として、医薬品 10 兆円、医療機器 3 兆円。これらを合計して 42 兆円になるそうです。裁量によって診

施設補助

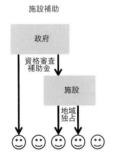

・現在の社会保障制度では、受給までに煩雑で
　時間の掛かる手続きと裁量余地が残り、
　官僚の人件費だけで13.6兆円が費やされる。
・また保育施設側には計2.5兆円もの内部保留がある

人的補助

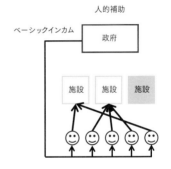

・今の財政規模では、ベーシックインカムは
　月5万円／人の見通し
・子どもへの給付には使途制限があるが、
　原則使途は市民が選択
・市民が施設を選択。適切な格付け情報で
　劣悪な施設は淘汰される

施設補助と人的補助〈fig.92〉施設補助は二重の非効率を生む。1 つ目は効用の非代替性である。もし補助金分をそのまま個人が受給できたら、以前と同様の社会保障を受けることは可能だ。しかしその一部をほかの消費に回せば、必ずもっと効用を高めることができる。2 つ目は独占で、同じ社会保障を受けるにしても、施設をほかに選べないとニーズに合わないし割高になる。施設が選択できれば、生活者は自分のニーズに合わせられるし、施設側もより良いサービスに向けた経営努力が促される

療報酬が決まるため、利益を得にくい産婦人科・小児科は不足しています。また開業医の利益が優先され、勤務医の労働環境は厳しいものです。一方で生活習慣病は、死亡原因で約6割を占め、医療費に占める生活習慣病の割合も国民医療費の約3分の1です[25]。しかしその多くは、本人が予防や早期治療に心掛ければ、大幅に抑えられるものです。しかし医療機関には人工透析にうま味（患者1人当たり500〜600万円/年）があるので、自己負担や早期治療を強化する動機が働かず、その結果、重症化した2割の被保険者が7〜8割の医療費を使用しているのが実態です[26]。また人口構成の変化を反映し、医療費の受益と負担の差額を見ると、1940年生まれが1,450万円のプラスであるのに対して、2005年生まれでは720万円のマイナスと大きな世代間格差が生じています[27]。

　社会福祉予算は22兆円に及んでいますが、うまく回っているとは言えません。たとえば、生活保護制度では不正受給を防ぐため審査に膨大な手間暇が掛かっており、恣意的な判断にもつながる恐れがあります。受給者資格を得るには、資産がないことが条件となるので、受給のために資産を売却・浪費する動機が働き、自立のための大事な元手をなくしてしまうことにもつながります。給与を得た分、支給額が減るので労働意欲を失くすことも指摘されています。

　保育制度については、認証保育園には手厚い補助（平均給与では保育士が800万円、園長が1,200万円）が施されますが、認可外にはありません。また保育園側は認可外などの新規参入を拒み、政治的な圧力を掛けることもあるといいます。こうした結果、待機児童問題はなかなか解消せず、乳児保育や夜間保育、病児保育も充実しません。

　また、このような社会保障に関する行政コスト（人件費や事務経費等）は、

おおまかにとらえて国で9兆円、地方では23兆円にも上ります。このように施設補助方式では、裁量や制度欠陥に伴って競争の制限や価格の歪みを生み、国民全体に相当なムリ・ムダ・ムラをもたらしています。

このようなムリ・ムダ・ムラを解消する方法として、個人への一括補助金（ベーシックインカム）が注目されています。具体的に試算例を示してみましょう。たとえば、すべての成人に一律で月5万円、未成人には月2.5万円を支給する制度であれば、掛かる費用は総額で約70兆円。現在の社会保障費総額は約120兆円ですから年金の55兆円を引いた残りの約65兆円とほぼ釣り合う格好となります。

個人補助金を支えに、失業時には再雇用教育、子育て時には保育サービス、児童は学校や塾、親の介護等で困窮したときは生計費に、と個々人が自分の価値判断に基づいて社会保障サービスを選択することができます。子どもの教育費を親がパチンコに使う、といった問題には、バウチャーやICカードなどで使途制限を掛けることで解決する方法も検討されます。

たとえば、保育については、認可・認可外を問わず評判のいい保育園には園児が集まり、その分、保育料が集まって経営が成り立っていきます。逆に、時間外や病児などへの対応が悪く割高な保育園は廃れるので、改善努力が促されます。ホステスさん同士で行う共同自主保育にも、ベーシックインカムでは子ども1人の世帯で最大7万5,000円/月がきちんと支払われることになります。

健康保険も強制保険と任意保険に分けて、強制保険の部分は感染症、先天的疾病などに絞る方式が、急激・偶然・外来のリスクに対応するというそもそもの保険の本質からして妥当でしょう。現在でも2016年度国民医療費の概況によると、感染症を含むまわりに外部不経済をもたらす疾病に約

7,000億円、先天的疾病を含む本人のコントロールが効かない指定難病への特定医療費に対して約1,500億円が使われています。

　糖尿病は初期から治療すれば治療費は1人当たり年間5万円から30万円程度ですが、腎不全を合併して透析治療になると1人当たり年間500万円以上掛かることになります。生活習慣病等、自分でコントロールできる疾病の対策はベーシックインカムないしは任意保険の範囲で賄うことになれば、重症化しないように健康増進や初期診断・治療に積極的に取り組むようになるでしょう。

　年金も、現在の世代間の所得移転を前提とした賦課方式では、1940年生まれはプラス3,460万円であるのに対し1990年生まれはマイナス2,150万円といったように世代間で不公平が生じ、また積立金不足もすでに約750兆円に上っており危機的な状況にあります。早々に積立方式に転換すべきなのは言うまでもありません。

　ベーシックインカムの支給手続きは口座振込で済むので、行政コストも大幅に削減されます。このように機関補助から個人への補助という大きな政策転換が図られれば、価格の歪みや競争制限が解消されて、人びとはより幸福になると考えられるのです。

*** ベーシックインカムにして 財政は成り立つのか？

ベーシックインカムとして、仮に大人1人月5万円を支払う としたら、それだけで60兆円ほどの財政負担となります。 財源はどこから補填すべきでしょうか？

税制を資産課税と付加価値税に集約し、徴税や社会保障 に関するお役所仕事を省き、地域の財政自立化を促す効 果を組み入れると、財政収支はおおよそ釣り合ってきます。

　現状では都市集積の利益はすべて地主の懐に入ってしまいます。これ を都市基盤整備や地域福祉等に携わる公共に還元し、富の著しい偏りを 是正するため、土地（建物除く）に対して、規定通りに固定資産税を年 1.7％課すことにします。土地と金融資産と税負担に差がつくと資産市場に 偏りが出るので、金融資産にも一律、年1.7％を掛けるのが自然です。資 産と消費との間でも選択に偏りが出ないように考えると、付加価値税10％ 前後になるでしょうか。所得税は毎期の利益に対して課税されますが、資 産課税はその累積した利益、つまり内部留保に対して一定比率で課税する

223

ことになるため、二重取りにならないように資産課税に一本化します。相続税も同様に廃止できるでしょう。

　現在の日本経済を元に税収を試算すると、付加価値税で48兆円、資産課税で37兆円、総額85兆円となります。世帯年齢別に現行の所得税・住民税と本案の資産課税との差額を見ると、30歳未満47万円→7万円、30歳代73万円→13万円、40歳代120万円→32万円、50歳代147万円→57万円、60歳代80万円→81万円、と資産形成途上の大多数の現役世代には好ましい試算となります。70歳代以上についても、その6割以上の一般世帯では税負担は同等以下になります。人々の働く意欲も沸き、内外の優れた企業も集まってくる効果も大きいでしょう。

　また土地課税が正常化されれば、土地活用、とくに耐火造への共同建替えが促されると思われます。いまは所得税中心で控除項目も多いため徴税コストも民間側の負担を含めると2.9兆円掛かる試算ですが、資産課税と付加価値税に課税が集約されればこの徴税コストが大幅に抑えられます。

　歳出面では、社会保障を施設補助から人的補助に転換し、ベーシックインカムを基本とします。現在の人口構成ですべての成人に一律で月5万円、未成人には月2.5万円を支給として試算すると総額は約70兆円となり、先ほどの税収85兆円に収まります。

　この個人補助金を支えに、失業時には再雇用教育、子育て時には保育サービス、児童は学校や塾、親の介護等で困窮したときは生計費に、と個々人が自分の価値判断に基づいて社会保障サービスを選択できます。手続きは口座振込で済み、現在の受付・審査・給付・評価といった自治体の業務約2兆円（福祉関係地方公務員36.7万人×587万円）分を抑えられるでしょう。

歳出のうち、国土開発費、国土保全費、災害復旧費、学校教育費、司法警察消防費、社会教育費について地方・国の予算を合算すると、現在では約30兆円に上ります。もっとも現在は地方交付税制度が自治体の財政自立化の意欲を削ぐために、無駄な費用が歳出の2~3割にも上ることが試算されています[※28]。したがって現在の30兆円は、財政自立化によって21兆円にまで抑えられることになります。また国土開発や社会保障などに関わる国家公務員の人件費だけで約7兆円（国64万人×661万円）が掛かっています。ナショナルミニマムはベーシックインカムに、基盤整備や公共サービス、産業振興などは自治体に移すことで、こうした費用も大幅に削減できます。これらを加味すると自治体の総歳出（自治体から国に委託する費用も含め）はおおむね15~20兆円、先ほどの税収からベーシックインカム分を差し引いた額とだいたい釣り合う格好になります。

　以上のような富の再配分については、公平性に関する2つの根拠から支持されています。1つは保険、つまり失業・疾病・超高齢など外来性で偶発的な事由から生活に困窮する場合に備えて、社会全体で保険を掛けておこうという考え方です。もう1つは機会均等で、本人の努力に帰さない要因（運・不運、素質、教育、環境など）から得られた富なら、これらに恵まれない人々、とくに次世代に再分配すべきという価値観です。

　そしてどのような価値判断を取るにしろ、非効率性を省くことは常に望ましいことです。国民全員をより幸福にできる状態は、価格の歪みや競争の制限を排除して完全競争状態をつくり出し、同時に一括固定税と一括補助金を使い適切な再分配を行うことで達成されます[※29]（厚生経済学の第二定理）。このようにして、われわれの社会は公平性と効率性を両立させることができるでしょう。

** 国の果たすべき役割は どうなるのか？

地域主権の仕組みでは、国の役割は国境の範囲に至る レベルのさまざまな歪みを解消するものと考えられます。歪 みとしては、公害のように取引相手以外に損失を与えるもの （外部不経済）、談合のように独占的立場を利用して不当な利益を上げるも の（独占）、貧困や人権侵害、虐殺等など人間の安全保障を脅かすもの （公共財）があります。

　従来の国家主権による「上意下達」の発想では、こうした歪みへの対処 は、国が裁量権を握っています。そして許認可手続きによって利権やポスト を増やし、市民や企業の個々の行動を制限するなどの不公正や非効率を 生みます。これに対し、地域主権、つまり究極では国が定めても多数の地域 が批准しなければ効力を生じないという枠組みでは、歪みへの対処は、透 明な公開の手続きによって国が裁量行政をする余地がなく、公正で効率的 な仕組みを設計・運用することになります。

　この観点から、外部不経済の例として地球温暖化、独占の例として周波 数割当て、公共財の例として国際紛争の問題を解消する仕組みを考えて みましょう。

地球温暖化には炭素税、周波数割当てにはオークション、戦争抑止には国際法による紛争解決が基本の対応となるでしょう。

外部不経済の例—地球温暖化対策

　まず国ありき、上意下達の発想を温暖化ガス対策を例に見てみましょう。この発想では、温暖化ガス削減の目標値を各部門に割り振り、特定機器・設備ごとに講じるという直接的な政策介入になります。自動車部門からの温暖化ガス排出量は全体の2割を占めるため、国土交通省では省エネ法に基づき燃費基準（トップランナー基準）を設定します。そして一定の環境性能を満たす自動車の購入に際しては、1台当たり最大25万円、総額6,300億円（2009〜10年）ものエコカー補助金を付与しました。

　建築物省エネ法も同様の発想で、政府側の問題設定としては、民生（家庭・業務）部門のエネルギー消費量が90年に比べて34%増加しているため、建築物における抜本的な省エネルギー対策が必要不可欠である、となります。そこで建築物について省エネルギー基準を定めて届出を義務付ける、断熱等性能等級および一次エネルギー消費等級を住宅性能表示に盛り込む、基準に適合した住宅には税制や金利の優遇措置を講じるとしました。

　しかしこの方法は、人びとのまっとうな取組みを阻み、公正でもなく非効率なものです。自動車から自転車の利用に切り替えて省エネにしようという人にはエコカー補助金は出ません。また自動車では燃費データ不正問題が起きました。そもそも国の定めた燃費計測方法（惰行法）は、風の影響でばらつきが多く合理的ではなかったようです。第三者機関が燃費データを計

測する、さらにそのデータを検証する、というシステムにも余分な行政コスト
が掛かります。

　住宅も同様で、人びとは「風通しの良い住まいなので、夏でも窓を開放す
れば体感温度が7℃下がるため冷房いらず」「地階に居室を設けるので、
そのままでも夏涼しく冬暖かい」といった住まい方も『省エネルギー措置の著
しく不十分な場合』として容認されなくなります。縁側や土間、透過性のある
扉のある民家のように、開放性を備えた空間が人々の挨拶や立ち話などを
誘発し、良好なコミュニティを築いてきた作用も失う恐れもあります。閉じた住
宅の中では、人が叫んでも倒れても外からは安否すらわかりません。

　冷暖房効率は良くても冷蔵庫のように開口部のない住宅には、まったく閉
口してしまいます。住宅の省エネルギー対策は、割高の製品が間違いなく
売れるので、サッシメーカー、ガラスメーカーには好都合かもしれません。
しかし生活者にとっては、高規格のガラスサッシ、断熱材などの数十万円も
の負担が増えます。

　行政コストも膨大になります。エネルギー消費性能基準についての申請
書類作成、建築物エネルギー消費性能適合性判定に関わる審査手続き、
さらに税制・融資等の優遇措置のための申請手続きなどの業務負担も嵩
み、個々の建材に関しても、ガラスサッシ、ドア、断熱材、設備（換気、冷暖
房、照明、給湯、コジェネレーション、太陽光発電など）などの品番ごとに性
能基準を評価・認定する作業も必要になります。建材に関するデータ不正
を完全に防ごうとするなら検査・再検査業務の負担も掛かるでしょう。検
査・認定にも裁量余地が残ると、さらに根深い問題にもなります。監督官庁
や外郭団体の権益やポストが増えるだけというのでは困りものです。

　温暖化ガス対策に最も優れた政策は、いうまでもなく炭素税でしょう。温

暖化ガス排出量という結果で測るため公平で、自転車利用や窓の開放を含めた省エネ対策へのインセンティブも働きます。また日本では化石燃料の輸入段階で課税すれば、効率的で漏れもありません。宇沢弘文氏による試算（2005年）では、炭素税額は310ドル/Ct、1人当たり炭素税額は840ドルという水準になり、日本全体で年8兆円にも上ります。熱帯雨林の伐採を現在の50%に遅らせるための費用が年間170〜300億ドル、これで毎年20億トンを超える$CO2$を吸収できます。したがって厳しめに試算しても、年1兆円を熱帯雨林保全に投じれば、毎年8.3億トンの二酸化炭素排出量を抑えられるわけです。日本全体の温暖ガス排出量は約13億トンなので、劇的な貢献です。

　温暖化ガス対策を名目に市民生活に直接的に政策介入するのは、社会全体として著しく不公平かつ不効率であり、行政対応も肥大化します。統制経済の発想や手段は役に立ちません。省エネ法や各種優遇措置は早々に廃止し、温暖化ガス対策は炭素税に一本化して行政コスト等を効率化しつつ、多様な暮らし方と排出抑制に向けたインセンティブやイノベーションを促すことが本筋です。

公正な競争の例―電波オークション

　電波を使う無線通信や放送では混信を避けるため、周波数帯域ごとに誰がどこで何のために利用するかをあらかじめ決定する必要があります。通常、この決定と判断は国が行うもので、日本では総務省が管轄して事業内容や公益性などを判断し振り分けています。裁量行政の肝となる部分で、政治介入の温床になる理由でもあります。そして電波の利用権は無料であるため、事業者は独占的な利益を得ることになります。年収ランキング

の上位が軒並みテレビ局なのは、この独占が働いています。

　1950~90年の放送局免許については、一本化調整という競争制限措置が取られたことで知られます。これは1つの電波割当て枠に対して複数の免許申請が提出された場合に、正式な審査に先立って水面下で申請者を絞り込むものです。とくに1957年10月の一斉予備免許時の一本化調整は、郵政省側の一方的な指示に基づき田中郵政大臣の主導で行われた裁量行政の典型でした。この免許権限が政治家や行政当局が放送業界への発言権を強める契機になりました。

　周波数割当てについてもしばしば話題になります。2019年、総務省は第5世代通信規格「5G」の周波数をNTTドコモ、KDDI、ソフトバンク、楽天の4社に割り当てました。2019～24年度末までの6年間で5G設備投資は4社合計1.6兆円。これに見合う収益が得られるほど周波数割当ては大きな収益源になるのですが、現在では無料です。審査の結果、ソフトバンクだけが希望より少ない割当てとなり、その理由が政治介入などのさまざまな憶測を呼びました。

　こうした競争制限的な裁量行政に代わって、欧米では周波数オークションが定着しています。1994年、米国でゲーム理論家たちが同時複数ラウンドせり上げ入札を考案し、オークションを実施したところ、予定では100億ドル以下だったものが2015年には449億ドル(約5.4兆円)の国庫収入を上げています[30]。OECDでこのオークションを導入していないのは日本だけです。

公共財の例─国際紛争

　外交や安全保障は、主に国単位で行う仕事になります。国家主権では

国の威信を掛けて軍事力を備える、という発想になりがちですが、地域主権の考え方では、どのように国際紛争に対処すべきものでしょうか。

ゲーム理論[*31]には「囚人のジレンマ」と呼ばれる考え方があります。2人組の共犯者が警察に捕まった状況で、お互い黙秘すれば微罪で済みますが、片方が自白したら自白したほうは無罪で黙秘したほうは死刑、両方が自白したら懲役15年になるとしましょう。2人の囚人が連絡を取り合えない状況であれば、相手の意向に関わらず、自分が自白したほうが有利なので、自分の利益を最優先させた結果として、両方が自白して懲役15年になる、という話です。

① 軍拡競争：この考え方が、2ヵ国間の軍拡と軍縮に応用されています。自白が軍拡、黙秘が軍縮に置き換わるというものです。双方とも軍縮になれば良いのですが、「囚人のジレンマ」で自国の利益を優先させた結果、軍拡競争に陥ってしまうという説明です。相手国が軍拡を取ろうが、軍縮を取ろうが、自国は軍拡を取ったほうが利得が上回る。米ソの軍拡競争は、こうして進んだといわれています〈fig.93（1）〉。

② 戦争利権：しかし、この分析にはおかしなところがあります。囚人のジレンマでは、お互いが連絡を取れないことが条件です。軍拡・軍縮モデルで、2ヵ国同士がまったく外交関係がない、という状況はあり得ません。お互い軍縮になれば国民に余計な負担が掛からないから、話し合いを続ければ軍縮になりそうなものです。軍縮にならないのはなぜでしょうか〈fig.93（2）〉？

これもゲーム理論の利得表で簡潔に説明できます。A国とB国の問題に

		B	
		軍縮	軍拡
A	軍縮	(0,0)	(-10,3)
	軍拡	(3,-10)	(-5,-5)

（1） 軍拡競争 　（A の利得 ,B の利得）

		B	
		軍縮	軍拡
A	軍縮	(0,0,0)	(-12,-1,6)
	軍拡	(-1,-12,6)	(-9,-9,6)

（2） 戦争利権 　（A の利得 ,B の利得 ,M の利得）

		B		
		調停	軍縮	軍拡
A	調停	(0,0)	(3,-10)	(-5,-5)
	軍縮	(-10,3)	(0,0)	(-10,3)
	軍拡	(-5,-5)	(3,-10)	(-5,-5)

（3） 調停 　（A の利得 ,B の利得）

国際紛争に関する利得表——軍拡競争、戦争利権、調停〈fig.93〉現実の国際政治は複雑で予測できないと考えられるが、このように前提条件を吟味しながら社会現象をモデル化することで、常識や通説では得られないような意外な結果が演繹で導かれる。

囚人のジレンマは、双方が合理的に判断したのに最適な結果にならないという驚くべきパラドックスであり、調停メカニズムは代理委任の選択肢を与えることでこのパラドックスが解消される、という注目すべき工夫を明らかにする。

見えて、じつはA市民とB市民、そして軍事利権をもつM（世界的な軍需産業とこれと一体の政府群）が影響しています。軍拡になるほど、Mは利得が増えます。結局、Mの意向がA市民やB市民の意向を上回るかぎり、お互い軍縮には向かいません。あとは２カ国同士、まるで外交関係が途絶えたように見せれば、囚人のジレンマの状況になるのでちょうどいいカモフラージュになります。困ったものです。

③ 調停（代理）：では、どうやったら戦争のない世の中になるのでしょうか？ この問いにもゲーム理論で答えてみましょう。

軍拡、軍縮の選択肢に、代理委任という選択肢を設けましょう（表〈fig.93〉では（3）調停）。代理人は依頼を受けた国に最善の結果が得ら

れるように行動するとします。相手国が軍拡なら自国も軍拡。相手国が軍縮なら自国は軍拡。相手国が同じ代理人に依頼した場合は、お互い軍縮。代理人がこのように行動すると予想されるなら、自国で軍拡、軍縮を判断するよりも代理人に依頼したほうが、相手国がどういう選択をしても同等以上の結果が得られます。

こういう双方代理もできる代理人の存在で、囚人のジレンマに陥ることなく、両国とも軍縮を進める結果になります。調停といった緩い代理行為で、こうした戦争のない状態に至るとは驚きの結果です。

④ 国際司法裁判所：現行の国際制度でこの代理機能に近い役割を果たす機関が国際司法裁判所と考えられます。国際司法裁判所には、当事者たる国家により付託された国家間の紛争について裁判を行い判決・命令をする権限があります。ただし現在は、当事国の同意がなければ管轄権は成立しません。

また判決は国際法上の判例として確立されますが、判決を直接執行する機関は一般的にはありません。したがって国際司法裁判所に代理機能を発揮させるには、同意原則から裁判義務に改めることが重要です。こうした国際司法裁判所の改革を日本国としてリードしていくのは、憲法前文「われらは平和を維持し、専制と隷従、圧迫と偏狭を地上から永遠に除去しようと努めている国際社会において、名誉ある地位を占めたいと思う。」に適うものと思います。

⑤ 普遍的管轄権：また普遍的管轄権も有力な方法です。重大な国家犯罪については、内政不干渉の原則を超え、管轄外の外国人も国際手配を

して刑事責任を追及できる制度です。市民を巻き添えにせずに、容疑者・被告として国家犯罪の責任者を対象とすることができるので、なかなか好ましい。スペインがチリのピノチェト元大統領を告発した例が代表的です。イスラエルのガザ侵略に対しても、普遍的管轄権に基づいてパレスチナの人々が国際司法裁判所に訴えることができるでしょう。

効率的で公平なルール

　こうした制度設計は、サッカーのルールを念頭に置くとわかりやすいと思います。サッカーのルールは、国際サッカー評議会で決められます。ルールを決める側は、贔屓のチームに有利だからとか、カウンターサッカーが好きなのでという理由は決して考慮しません。どんなサッカーをするかはそれぞれのチームが考えてプレイすることです。またルールが安定しているからこそ、各クラブは育成組織を整えジュニアからスキル・戦略を一貫させることができます。どのチームも、同じルールに従います。公平性が大切であるため、審判が特定チームに偏った判定を下すことも認められません。そしてサッカーのルールは簡潔で紛れが少ないものになっています。

　経済のルールについても、サッカーと同じように考えられます。政府の役割は効率的で公正なルールを定め、それをきちんと運用することです。市場の失敗を招かないよう、独占・外部不経済・情報の非対称性を解消する安定した制度をデザイン・運用していくことが政府の最も重要な役割になるでしょう。

　国益や公共性云々を名目に、軍事産業や建設・土木など特定の業界や業種に肩入れしてルールを変更し、あるいは保護・支援するものではありません。公共事業や政府系機関も同じルールに従います。たとえば実質

官営の産業革新機構が特定企業を支援するのは明らかに政府の役割を逸脱しています。都市再生を名目に都心の容積率を緩和するのは、特定不動産会社に利益供与することになり、著しく公平性に欠きます。

　仕事や暮らしについても、市民1人ひとりが決めることで、政府が地産地消でこれこれを消費しろ、またはいつ休め、週3回セックスしろ、母親は働くな、などと決めるものではありません。温暖化ガス排出対策は炭素税で一本化できるのに、断熱性能や開口部の制限や断熱サッシ等の使用を義務付けて人々の暮らし方を統制すべきではないでしょう。

　市民や企業の自由を奪ってはなりません。フリードリヒ・ハイエクが簡潔に示したように「法治国家は計画、つまり決して個別の目標を自らに設定してはならない」[*32]のです。GDPや出生率などは各自の自由な選択の集計結果であって、決して政府の掲げる目標にはなりません。

　こうした規制に対して総合規制改革会議などで切り込んでも、事故が起きるから美容と理容の混在は許されない、薬剤師不在では説明不足になるため一般用医薬品はネット販売できない、株式会社は営利目的なので農地所有や医療機関経営に馴染まない、と官僚側から無益な反論が繰り返されます。結局、官僚たちにとっては法律の立案、解釈、処罰などを一手に握り権限とポストを確保し、政治家は利権絡みで一枚乗る、という法務の独占体制が大事なのでしょうか〈fig.94,95〉? このような体制が有害無益の規制だらけの事態を招いています。従来の規制政策は、保護された少数の組織に偏った利益を与える（分配の不平等化）だけではなく、独占によって総余剰、つまり社会全体のパイを小さく（配分の非効率性）して、物価も高くてイノベーションも低調な暮らしにくい社会にしてしまいます。

　1996年の規制緩和委員会から2002年の総合規制改革会議を経て

現在の規制改革会議まで、規制改革をずっと検討し続けながら、実際には許認可等の根拠条項数は急増しています[*33]。新自由主義で過当競争に苦しんだ、または行き過ぎた経済合理性を見直すべき、といった印象とは正反対なのが実態です。さらに政府系ファンドや「働き方改革」など、官邸主導で稚拙な産業政策・経済計画が打ち出されて予算化されます。地域自立、ベーシックインカム等を講じていけば、こうした官僚の法務独占は解消されるので、ルールを抜本的に見直すこともできるでしょう。このようにして経済的自由度の評価指標のうち、財産権保護、政府の反腐敗度、貿易の自由度、金融の自由度をシンガポール並み[*34]にすれば、現在約1.4

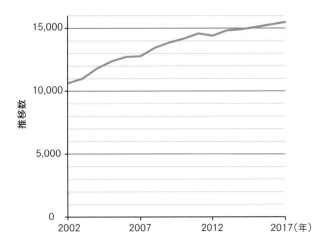

許認可等の根拠条項等数の推移〈fig.94〉許認可等の根拠や運用は杜撰だ。たとえば厚生労働省は幼保一元化には、保育所としては「調理の過程を理解しなければ大人になってもきちんとした家庭をつくれない」ため同一敷地内に調理場が必要だから、と反対している。海外の有能な人材については在留年数を10年から5年で永住許可を認めるのだが「(何年経った人が何人、永住権の許可を取ったのかに対し)数字的には把握しておりません」。学術論文や掲載雑誌の価値などは「法務省の職員で判断しています」という[*35]

倍豊かになると見込めるほどです。その分、社会保障としてベーシックインカムも手厚くなります。

　地域主権の考え方を推し進めると、中央政府の役割は、独占や外部不経済を抑えて公共財を充実させるように、公正で効率的な制度設計とその運用に絞られます。結果として、社会全体が格段に豊かになると思われます。反面、中央政府が経済をコントロールできるという幻想は捨てるべきでしょう。財政政策は将来の増税を予測して人びとが消費を手控える、金融政策も物価変動で相殺されることとなり、詰まるところ利権漁りの口実になっています。

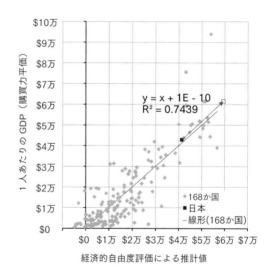

経済的自由度と豊かさ（168 カ国、産油国・租税回避地除く）〈fig.95〉ちなみに 1990 年の 1 人当たり GDP（購買力平価）は、シンガポール 2.3 万ドル、日本 2.0 万ドル、香港 1.4 万ドル、台湾 1.0 万ドル、韓国 8,000 ドル、中国 0.1 万ドルだった。そして 2018 年は、シンガポール 10.1 万ドル、香港 6.7 万ドル、台湾 5.5 万ドル、日本 4.4 万ドル、韓国 4.3 万ドル、中国 1.8 万ドルになった（IMF: World Economic Outlook）。日本経済停滞の特徴は、生産性成長率の停滞、公共投資の非効率性（日米構造協議を契機に 1995 年から 2017 年に掛けて 630 兆円が投入された）、金融仲介の機能不全といわれている

TOPICS

スーパーシティ構想は、
都市創生の切り札か？

　国家戦略特区の一環として、内閣府では「スーパーシティ構想」を打ち出しエリア選定プロセスに入る見込みです（2020年6月現在）。このスーパーシティは、AIやビッグデータといったITを駆使し、決済の完全キャッシュレス化、行政手続のワンスオンリー化、遠隔教育や遠隔医療、自動走行の域内フル活用など、幅広く生活全般をカバーする取組みで、その実現の障害となりうる法律や条例を特例で緩和するという触込みになっています。

　新都市を建設する、ないし既存都市を刷新するといった方法を取るそうですが、こうした都市が果たして発展しうるのかを都市集積の基本に立ち返って検討してみましょう。

都市集積の基本

　近年の都市経済学では、都市集積の基本をマッチング、シェアリング、ラーニングの3つに分類しています[*1]。マッチングはいわゆる交換で、得意・不得意の異なる複数のプレーヤーが出会うときに交渉を通じて持ち分を交換することで、誰もがより満足できるという取引になります。モノや時間、ノウハウなども交換の対象で、比較優位で成り立つのがミソです。この交換

はもともと備えていたものがより活かされるため、分業が進みます。この結果、規模の経済が働いて、あるプレーヤーが生み出すものを多くのプレーヤーが同じように利用する状態になります。シェアリングはこの状態に相当するものと考えられます。

　そしてマッチングやシェアリングを担う主要プレーヤーをフォローして、下請けやアウトソーシングなどのかたちでその役割を引き継ぐプレーヤーが追加されていきます。ノウハウに関することであれば、これがラーニングになります。このようにマッチング、シェアリング、ラーニングに先んじて利益を得たプレーヤーを、コピーするように後からプレーヤーが加わることで集積が拡大します。

　都市であれば、マッチングは市場、シェアリングは問屋街・工場街・歓楽街といった同業の集積地、ラーニングは各種教育機関や職業訓練、研修などの拠点に相当します。この都市集積は、頂点コピーモデルとして次頁図（フォローする率は70％）のようにグラフに描くことができます。市場は中心部にある巨大ハブや完全グラフ、問屋街や電気街など専門店の集まる街は節目に当たるハブ、学校や研究機関などの施設はリンクの連鎖として、都市圏の姿が立ち現れています。このように都市集積は、交換、分業・集約、外部委託といった取引が場所に紐づくことで進展します。

都市集積に欠くスーパーシティ

　このような都市集積という視点から、スーパーシティ構想を見直してみましょう。

　まず交換の場としての市場が構想には見当たりません。逆にITを駆使するほど、場所に拘らない交換が主力になってくるでしょう。ハブは、暮らしに

関していえば、商店街や飲食店群、美容・健康施設、学校、あるいはライブハウスや劇場、音楽ホール、美術館といった拠点になりますが、この構想では言及されていません。官製の計画はなぜかこうした生活感に乏しいのが残念です。これらのハブも、対面サービスや公演のことを考えると、AIやビッグデータが成果に決定的な影響があるといったものでもなさそうです。運動面ならガーミンのスマートウォッチくらいで済んでしまうかもしれません。ラーニングに関しても、その源となる市場や分業・集約が進んでいなければ、その支援・補完機能も発達する余地はありません。スーパーシティで暮らす人々の個人情報についてのデータ連携基盤事業なども、別の拠点やリモートワークでも対処できるでしょう。

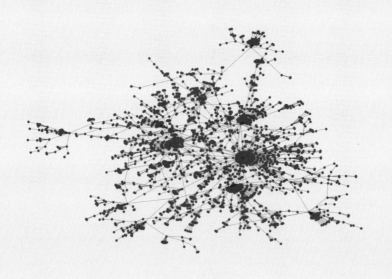

都市集積を示す頂点コピーモデル

このように都市集積の源は、このスーパーシティ構想からは伺うことができません。もともと、AIやビッグデータなどのITは都市生活をより便利にしようというもので、その前提として生き生きとした都市がなければその意義は失われます。刺身のツマなのに、ツマでお店に集客するのはどだい無理なことです。「自動運転が大好きだから、スーパーシティに引っ越そう」という人たちが果たして集まるものでしょうか。かつての横浜市のように優れた都市デザイナーたちのチームによって長期ビジョンから詳細な地区計画までを策定し、長期にわたって市民との協働体制を築きその実現と運用を図る、といったことでもしなければ、このスーパーシティに都市集積は望めないように思います。

政府主導の都市開発の末路

スーパーシティ構想のような国策としての数々の都市開発は、満州国から新産業都市、総合リゾート、テクノポリス、統合リゾートまで失敗の連続です。

1937年に開始された満州開発五ヵ年計画では自動車の産業集積を狙いましたが、アメリカが日本を警戒して工作機械の輸出を取りやめ、何万点にも及ぶ部品産業の集積ももともとなかったために頓挫しました[2]。満州では結局アヘンが主要産業となり、1933年から45年の間に収納高は1万800トン、現在の末端価格では12兆円近くにも及びました。それが日中15年戦争の日本の原資となったといわれます[3]。

1962年制定の新産業都市建設促進法に基づき制定された新産業都市は、太平洋ベルト地帯以外の地区に大規模な工業集積地を建設して、過疎過密の問題を解消しようとするものでした。激しい誘致合戦によって、

むつ小川原地区をはじめ 21 地域が指定されます。しかし石油危機以降、重化学工業が先細りになり公害にも悩まされて、事業化されたのは計画の 1/5〜1/4 ほど。自治体は基盤整備に巨額の投資をした挙句、のちには広大な埋め立て地が残され、財政は危機的な状況に陥ります。むつ小川原では開発対象区域は当初 1 万 7 千 ha、製鉄所計画を撤回しても 5 千 ha と広大で、第 3 セクターが用地買収を進めたものの 1,852 億円の負債を抱えて 2000 年に破綻しました。こうした逼迫した状況で、むつ小川原には東京電力が原子力関連施設の計画を持ち掛け、80 年代から核燃料サイクル施設・ウラン濃縮施設・低レベル放射性廃棄物貯蔵施設が集積することになりました[4]。しかし建設費 2.9 兆円、40 年分の総事業費 13.9 兆円を投じたものの核燃料サイクルの計画は破綻しています。

1987 年制定のリゾート法は、当時の内需拡大圧力と地域振興を背景にして成立し、自然環境に恵まれた地域に、総合保養施設として大型ホテル、リゾートマンション、ゴルフ場、スキー場、マリーナなどを開発するものでした。この法に基づいて 42 の特定地域が承認されました。有名なところでは宮崎のシーガイア（2001 年負債総額 3,261 億円で破綻）、長崎のハウステンボス（2003 年負債総額 2,289 億円で破綻）、北海道のアルファリゾート（1998 年負債総額 1,061 億円で破綻）などが挙げられます。

2003 年の総務省の総括[5]には、下記のような惨憺たる数値が並びました。

・整備が完了して供用されている施設の割合は平均 20%
・整備中の施設のうち工事未着手・中止は 55%
・計画・構想中で事業主体未定のものは 45%

・確認できた特定地域で、当初見込みに対する実績割合は、年間延べ利用者数 22%、雇用者数 18%

　どこでもあるようなホテル、ゴルフ場、大浴場などの施設では差別化はできないので、繰り返しそこに行く顧客は少なくなります。初期投資が膨れ上がっているのに稼働率が低ければ、経営は成り立ちません。リゾート法の対象となる「特定地域」の面積は合計約 660 万 ha・国土面積の約 18% に上りますが、結局、国有林を含む広大な自然環境を破壊して終わりました。

　都市集積について考えが及ばず、こうした失敗を続けていることに総括や反省はないのでしょうか？ とくに、こうした失敗への対処が、戦争や原発問題、環境破壊といった取返しのつかない国家犯罪に至ったことを忘れてはならないでしょう。

　スーパーシティ構想はどのように決着をつけるのでしょうか？ 失敗の挙句に、個人情報のデータ連携事業に基づく完全な監視社会が実現し、これが全国に展開されるのでは、とふと不安になったりします。

注　第一章

＊1　東京大空襲・戦災資料センター HP

＊2　高橋厚信・関川陽介・宮下清栄・高橋賢一「木造密集市街地の形成過程とその構造特性に関する研究」『土木計画学研究・会講演集』(公社)土木学会、2004 年 11 月

＊3　住田昌二『現代日本ハウジング史 1914 ～ 2006』ミネルヴァ書房、2015 年

＊4　田中誠二・杉田聡・森山敬子・丸井英二「占領期における急性感染症の発生推移」『日本医史学雑誌』第 53 号第 2 号、(一社)日本医師学会、2007 年 6 月

＊5　厚生労働省「グラフでみる世帯の状況 国民生活基礎調査(平成 28 年)の結果から 平成 30 年」

＊6　商工省賠償実施局賠償課「ストライク調査団報告書」1948 年 4 月

＊7　小野浩「1940 年代後半の戦災都市における住宅復興：戦後統制下の住空間の創出と分配」『社会経済史学』79 巻 2 号、社会経済史学会、2013 年

＊8　石田頼房『日本近代都市計画の百年』自治体研究社、1987 年

＊9　総務省統計局「平成 30 年住宅・土地統計調査」

＊10　(一財)日本木材総合情報センター「海外市場情報 No.15」2007 年

＊11　原田純孝・広渡清吾・吉田克己・戒能通厚・渡辺俊一編『現代の都市法』東京大学出版会、1993 年

＊12　総務省統計局「平成 30 年住宅・土地統計調査」

＊13　厚生労働省 HP「厚生統計要覧 平成 30 年度」

＊14　国土交通省 HP「令和元年度 主要建設資材需要見通し」

＊15　国土交通省 HP「平成 30 年度 住宅経済関連データ」

＊16　中央防災会議 首都直下地震対策検討ワーキンググループ「首都直下地震の被害想定と対策について(最終報告)」2013 年 12 月

＊17　東京都住宅局総務部企画室編集、東京都住宅局総務部企画室「平成 9 年度東京都住宅白書」

＊18　内閣府 HP「阪神・淡路大震災教訓情報資料集」

＊19　国土交通省 HP「建築着工統計調査報告 平成 28 年度分」

＊20　増渕昌利・髙田光雄「建築基準法に基づく完了検査実施率の向上に関する研究」『日本建築学会計画系論文集』第 76 巻第 660 号、(一社)日本建築学会、2011 年 2 月

＊21　総務省「平成 30 年住宅・土地統計調査 」

＊22　有田智一・岩田 司「接道困難敷地の実態に対応した接道特例許可の運用のあり方：中野区のケース・スタディー」『日本建築学会計画系論文集』65 巻 533 号、(一社)日本建築学会、2000 年 7 月

＊23　高橋厚信・関川陽介・宮下清栄・高橋賢一「木造密集市街地の形成過程とその構造特性に関する研究」『土木計画学研究・講演集 (CD-ROM)』III、(公社)土木学会 2004 年 11 月

＊24　鶏内久之・大村謙二郎・有田智一「住宅地における敷地狭小化に対する規制誘導手法に関する研究 - 江戸川区を事例として」『都市計画論文集』40.3 巻、(公社)日本都市計画学会、2005 年

＊25　東京都都市整備局 HP「東京の土地 2018(土地関係資料集)」

＊ 26 川口朋子「戦時下建物疎開の執行目的と経過の変容」『日本建築学会計画系論文集』
第 76 巻第 666 号、（一社）日本建築学会、2011 年 8 月

＊ 27 ザイマックス不動産総合研究所 HP「1 人あたりオフィス面積調査（2019 年）」

＊ 28 東京都の統計 HP「東京都就業者数の予測 平成 27 年 10 月」

＊ 29 IMD HP「World Competitiveness Rankings 2019」

＊ 30 ザイマックス不動産総合研究所 HP「東京 23 区 オフィス新規供給量 2019」

＊ 31 東京都都市整備局「東京の土地 2018（土地関係資料集）」

＊ 32 内閣官房地域活性化統合事務局「都市再生の経済効果」2012

＊ 33 寺崎友芳「容積率緩和による通勤鉄道混雑への影響」
『RIETI Discussion Paper Series』05-J-017、（独）経済産業研究所、2005 年

＊ 34 東京都都市整備局 HP「東京における都市計画道路の整備方針（第四次事業化計画）」
2016 年 3 月 30 日

＊ 35 東京都都市整備局 HP「東京における都市計画道路の整備方針（第四次事業化計画）」
2016 年 3 月 30 日

＊ 36 国土交通省 HP「平成 27 年度全国道路・街路交通情勢調査 一般交通量調査結果」

＊ 37 Gilles Duranton, Matthew A. Turner,"The Fundamental Law of Road Congestion:
Evidence from US cities"NBER Working Paper No.15376,September 2009

＊ 38 東京都 HP「1 自動車の保有・利用実態」2019 年 3 月 27 日

＊ 39 （一財）自動車検査登録情報協会 HP

＊ 40 国土交通省 HP「自動車燃料消費統計年報 平成 28 年度分」

＊ 41 福田健「清渓川復元事業復事（道路交通への影響を主として）」『JICE REPORT』vol.9、
（一財）国土技術研究センター、2006 年 3 月

＊ 42 下村泰史・飯塚隆藤「京都市の土地区画整理事業地における町割方法の歴史的変化に
ついて」『ランドスケープ研究』77 巻 5 号、（公社）日本造園学会、2014 年

＊ 43 裁判所 HP「行政事件 裁判例集 東京地方裁判所 昭和 41（行ウ）112 住居表示告示取消
等請求事件、昭和 44 年 7 月 10 日」

＊ 44 R.I.M.Dunbar, Neocortex size as a constraint on group size in primates, Journal
of Human Evolution, Volume 22,Issue 6,June 1992

＊ 45 Robin IM Dunbar, Coevolution of neocortical size, group size and language in
humans, Behavioral and brain sciences,1993/12

＊ 46 神取道宏『人はなぜ協調するのか──繰り返しゲーム理論入門』三菱経済研究所、2015 年

＊ 47 劉 俐伶・長谷川大輔・石井儀光・鈴木 勉「世界主要都市の都市空間構造の比較分析
- 均等性と集積性の指標を用いた都市内人口分布比較 -」『都市計画論文集』54 巻 3 号、
（公社）日本都市計画学会、2019 年

＊ 48 国土交通省「東京都市圏パーソントリップ調査（交通実態調査）の結果概要
平成 22 年 2 月 3 日差し替え版」

＊ 49 市場調査メディア ホノテ 調査レポート「「満員電車はもう嫌だ！」電車での通勤通学事情
を調査（東京・大阪編）」マクロミル、インターネットリサーチ、2016 年

＊ 50 神取道宏『ミクロ経済学の力』日本評論社、2014 年

TOPICS 東京五輪に公益性はあるのか?

* 1　日本銀行調査統計局「2020 年東京オリンピックの経済効果／ BOJ Report&Research Papers」2015 年 12 月
* 2　国土交通省 総合政策局 建設経済統計調査室「平成 28 年度 建設投資見通し」2016 年 7 月
* 3　『朝日新聞』2019 年 7 月 25 日
* 4　『週刊エコノミスト』2016 年 8 月 23 日号、毎日新聞出版
* 5　『日本経済新聞』2013 年 8 月 14 日
* 6　槙文彦「新国立競技場を神宮外苑の歴史的文脈の中で考える」『JIA MAGAZINE』vol.295、2013 年 8 月号、(公社) 日本建築家協会

第二章

* 1　丸山岩三「奈良時代の奈良盆地とその周辺諸国の森林状態の変化」『水利科学』37 巻 6 号、(一社) 日本治山治水協会、1994 年
* 2　グレン・ハバード、ティム・ケイン『なぜ大国は衰退するのか』日本経済新聞出版、2014 年
* 3　松浦茂樹「アメリカ TVA のダム事業における歴史と現状」『水利科学』第 40 巻第 5 号、(一社) 日本治山治水協会、1996 年
* 4　織山和久・小滝晃「延焼過程ネットワークのスケールフリー性に着目した木造密集地域における延焼危険建物の選択的除去効果の実証」『日本建築学会環境系論文集』80 巻 711 号、(一社) 日本建築学会、2015 年
* 5　国立研究開発法人 防災科学研究所 HP「防災基礎講座 災害の危険性をどう評価するか」2009 年 4 月
* 6　豊田栄造・大村敏「災害時における延焼シミュレーション 木造密集市街地の危険性の計測手法」『先端測量技術』91 号、日本測量調査技術協会、2006 年 4 月
* 7　東京都福祉保健局 HP 東京都監察医務院「平成 30 年 夏の熱中症死亡者の状況」
* 8　国土交通省気象庁 HP「過去の気象データ 東京 年ごとの値 詳細(気温・蒸気圧・湿度) 1875-2020」
* 9　国土交通省気象庁 HP「気候変動監視レポート 2017」
* 10　高取千佳・大和広明・高橋桂子・石川幹子「明治初期と現代のマトリクス構造の変化が熱・風環境に与える影響に関する研究 東京都心部を対象として」『都市計画論文集』48 巻 3 号、(公社) 日本都市計画学会、2013 年
* 11　環境省「平成 15 年度 都市における人工排熱抑制によるヒートアイランド対策調査報告書」2004 年 3 月
* 12　筑波大学 計算科学研究センター 地球環境研究部門 日下博幸研究室 HP「研究テーマ 数値モデル 領域気象モデル(WRF)」
* 13　高取千佳・高橋桂子・横張真・石川幹子「明治初期と現代における地上付近の熱・風環境を規定する要因の変化に関する研究 東京都心部を対象として」『都市計画論文集』49 巻 3 号、(公社) 日本都市計画学会、2014 年
* 14　東京都「都民経済計算 2019」
* 15　東京都都市整備局 HP「まちづくりガイドライン 地域全体編」

＊16　東京消防庁 HP「第 68 回東京消防庁統計書（平成 27 年）」

＊17　黄泰然・吉澤 望・宗方 淳・平手小太郎「都市空間における一棟及び多棟建物から受ける
圧迫感に関する研究：物理指標の対応について」『日本建築学会環境系論文集』72 巻
616 号、（一社）日本建築学会、2007 年

＊18　武井正昭・大原昌樹「圧迫感の計測に関する研究・1：圧迫感の意味と実験装置」
『日本建築学会論文報告集』261 巻、（一社）日本建築学会、1977 年

＊19　景観に係る建築規制の分析手法に関する研究会 国土交通省住宅局
「建築物に対する景観規制の効果の分析手法について 平成 19 年 6 月」

＊20　文京区都市計画部「根津駅周辺地区まちづくりアンケート調査報告書」2006 年 3 月、
文京区 HP を 2009 年閲覧時

＊21　文京区 HP「根津駅周辺地区まちづくり 平成 26 年度第 1 回地権者アンケート結果」

＊22　総務省 今後の都市部におけるコミュニティのあり方に関する研究会
「都市部のコミュニティに関するアンケート調査報告書 平成 25 年 3 月」

＊23　福島慎太郎・吉川郷主・市田行信・西前出・小林愼太郎
「一般的信頼と地域内住民に対する信頼の主観的健康感に対する影響の比較」
『環境情報科学論文集』Vol.23、（一社）環境情報科学センター、2009 年

＊24　遠藤由美・柴内康文・内田由紀子「人間関係はいかに well-being と関連するか」
『現代社会における人間関係の諸相』関西大学経済・政治研究所、2008 年

＊25　西村和雄・八木匡「幸福感と自己決定―日本における実証研究」
『RIETI Discussion Paper Series』18-J-026、（独）経済産業研究所、2018 年 9 月

＊26　Koyama S.,Aida J., & Saito M. et al.(2016) Community social capital and tooth loss
in Japanese older people:a longitudinal cohort study, BMJ Open.6(4):e010768

＊27　Honjo K.,Tani Y.,& Saito M, et al.(2018) Living Alone or With Others and
Depressive Symptoms　and Effect Modification by Residential Social Cohesion
Among Older Adults in Japan:The JAGES Longitudinal Study, JEpidemiol, in press

＊28　Saito T., Murata C., & Saito M, et al. (2018) Influence of social relationship
domains and their combinations on incident dementia:
A prospective cohort study,J Epidemiol Community Health,72(1)

＊29　Aida,J.,Kondo,K.,& Hirai,H.,et al (2011)Assessing the association between
all-cause mortality and multiple aspects of individual social capital among the
older Japanese,BMC Public Health,11:499

＊30　斉藤雅茂・近藤克則・尾島俊之・平井 寛・JAGES グループ
「健康指標との関連からみた高齢者の社会的孤立基準の検討　10 年間の AGES コホー
トより」『日本公衆衛生雑誌』62 巻 3 号、日本公衆衛生学会 2015 年

＊31　平井 寛・近藤克則・尾島俊之・村田千代栄「地域在住高齢者の要介護認定のリスク要因
の検討　AGES プロジェクト 3 年間の追跡研究」『日本公衆衛生雑誌』56 巻 8 号、
日本公衆衛生学会、2009 年

＊32　Aida, J., Kondo, K., & Kawachi,I.,et al.(2013)Does social capital affect the
incidence of functional disability in older Japanese? A prospective population-
based cohort study, J Epidemiol Community Health,67

＊33 Aida, J., Kondo,K.,& Hirai,H.,et al(2011)Assessing the association between all-cause mortality and multiple aspects of individual social capital among the older Japanese,BMC Public Health,11:499

＊34 Tani Y., Kondo N., & Noma H. et al.(2018) Eating Alone Yet Living With Others Is Associated With Mortality in Older Men:The JAGES Cohort Survey,J Gerontol B Psychol Volume73,Issue7

＊35 伊藤高弘・窪田康平・大竹文雄「寺院・地蔵・神社の社会・経済的帰結：ソーシャル・キャピタルを通じた所得・幸福度・健康への影響」『Institute of Social and Economic Research Discussion Papers』95 巻、大阪大学社会経済研究所、2017 年 3 月

＊36 厚生労働省 HP「厚生統計要覧（平成 30 年度）」

＊37 山岡一男・京須 実『これからの住宅政策：第三期住宅建設五箇年計画の解説』住宅新報社、1976 年

＊38 東京都都市整備局「不燃化推進特定整備地区整備プログラム、大和町中央通り（補助第 227 号線）沿道地区」2014 年 2 月

＊39 海老名市 HP「海老名市道路交通マスタープラン 参考資料 概算事業費の算定」2007 年

＊40 国税庁 HP「財産評価基準書 路線価図 平成 27 年度分」

＊41 『東京新聞』2013 年 12 月 20 日

＊42 東京都都市整備局「東京の土地利用 平成 28 年東京都区部」

＊43 東京都都市整備局「東京の土地 2013（土地関係資料集）」

＊44 東京都都市整備局「東京の土地利用 平成 28 年東京都区部」

＊45 井上智夫・清水千弘・中神康博「資産税制と『バブル』」、内閣府経済社会総合研究所企画・監修、井堀利宏編『バブル / デフレ期の日本経済と経済政策 第 5 巻 財政政策と社会保障』所収、2010 年

＊46 藤田忍ほか『大阪長屋の保全活用とネットワーク形成に関する研究報告書』アーバンハウジング、2016 年

＊47 京都市「京町家まちづくり調査（平成 10 年度）」

＊48 香山壽夫『都市を造る住居』丸善、1990 年

＊49 国土交通省関東運輸局 HP「市町村別車両数統計 平成 29 年度」

＊50 国土交通省関東運輸局 HP「市町村別車両数統計 平成 29 年度」

＊51 （独）製品評価技術基盤機構 HP、化学物質管理センター「室内暴露にかかわる生活・行動パターン情報 4.1. 自動車の運転時間 平成 29 年 7 月改訂」

＊52 国土交通省自動車交通局 HP「継続検査の際の整備前自動車不具合状況調査」2005 年 3 月

＊53 東京都建設局 HP「道路の管理 平成 29 年」

＊54 国土交通省 HP「道路交通センサス 平成 6 年」

＊55 内閣府 HP 中央防災会議 災害教訓の継承に関する専門調査会「1923 関東大震災報告書 第 1 編」2006 年 7 月

＊56 NEXCO 東日本 HP「プレスリリース 2008 年 1 月 17 日 事後評価を実施する事業の一覧表」

＊57 （独）日本高速道路保有・債務返済機構 HP「平成 23 年度 路線別営業収支差」

＊58 （一財）計量計画研究所「高速道路整備に関する経済波及効果計測に関する研究」2012 年

＊59 木庭 顕『新版 ローマ法案内—現代の法律家のために』勁草書房、2017 年

＊60　山本志乃『市に立つ―定期市の民族誌』創元社、2019 年

＊61　丸山 宏「大正デモクラシー期における公園と社会」『造園雑誌』56 巻 5 号、
　　　（社）日本造園学会、1992 年

＊62　長田彰文「朝鮮三・一運動の展開と日本による鎮圧の実態について
　　　日米の史料に依拠して」『上智史學』47 号、上智大学史学会、2002 年

＊63　西成典久「新宿西口広場の成立と広場意識―西口広場から西口通路への名称変更問題を
　　　通じて―」『都市計画論文集』40.3 巻、（公社）日本都市計画学会、2005 年 10 月

＊64　ハンナ・アレント著、志水速雄 翻訳『人間の条件』筑摩書房、1994 年

＊65　渋谷区 HP「庁舎建替え」

＊66　初鹿明博の発言、衆議院 190 回（常会）厚生労働委員会、第 9 号、平成 28 年 3 月 30 日

＊67　会計検査院「独立行政法人日本スポーツ振興センターが実施しているスポーツ振興くじに
　　　関する会計検査の結果についての報告書（要旨）」2008 年 9 月

＊68　（独）日本スポーツ振興センター HP「平成 17 事業年度 事業報告書」

＊69　総務省統計局 HP「住民基本台帳人口移動報告」

＊70　Charles M.Tiebout,A Pure Theory of Local Expenditures,Journal of Political
　　　Economy,Vol.64,No.5,1956

＊71　Oates, Wallace E, The Effects of Property Taxes and Local Public Spending on
　　　Property Values: An Empirical Study of Tax Capitalization and the Tiebout
　　　Hypothesis, Journal of Political Economy, University of Chicago
　　　Press,vol.77(6),1969

＊72　総務省「平成 30 年度 市町村税課税状況等の調」

＊73　（一財）土地情報センター「都道府県市区町村別・用途別 地価公示 平成 30 年」

＊74　建設物価調査会総合研究所『総研リポート』特別号、建設物価調査会、2009 年

＊75　総務省統計局「平成 25 年（2013 年) 平均消費者物価地域差指数の概況」

＊76　（一財）日本不動産研究所「第 40 回不動産投資家調査（2019 年 4 月現在）」

＊77　東京都都市整備局「東京の土地 2018（土地関係資料集）」

TOPICS　IR は都市に必要か？

＊1　　The New York Times,2014.7.15

第三章

＊1　　丹羽結花「京都の町家におけるコミュニケーション：招かれざる訪問者」『デザイン理論』
　　　45 巻、関西意匠学会、2004 年

＊2　　ハンナ・アレント著、志水速雄 翻訳『人間の条件』筑摩書房、1994 年

＊3　　池上英子『美と礼節の絆 日本における交際文化の政治的起源』NTT 出版、2005 年

＊4　　斎藤修『江戸と大阪―近代日本の都市起源』NTT 出版、2002 年

＊5　　斎藤修『江戸と大阪―近代日本の都市起源』NTT 出版、2002 年

＊6　　谷本雅之「近代日本の世帯経済と女性労働：「小経営」における「従業」と「家事」」

『大原社会問題研究所雑誌』635・636 号、法政大学大原社会問題研究所、2011 年

＊7　鳥海さやか「江戸幕府道奉行の成立と職掌 松本剣志郎」『地方史研究』Vol.349、
　　　地方史研究協議会、2011 年

＊8　戸沢行夫『江戸町人の生活空間』塙書房、2013 年

＊9　玉井哲雄『江戸―失われた都市空間を読む』平凡社、1986 年

＊9　吉田伸之『伝統都市・江戸』東京大学出版会、2012 年

＊10　特別区人事・厚生事務組合、平成 27 年度版

＊11　小野武雄 編著『江戸物価事典』展望社、1979 年

＊12　野村優太ほか「都道府県による景観条例の制定状況と運用実態」
　　　『日本建築学会九州支部研究報告』第 54 号、2015 年 3 月

＊13　鷲崎俊太郎「江戸における米価と不動産抵当金利の時系列推計分析：八王子米価と
　　　築地・鉄砲洲地区家質利子率」『經濟學研究』85 巻 4 号、九州大学経済学会、2018 年

＊14　塚田孝『大坂 民衆の近世史』筑摩書房、2017 年

＊15　テツオ・ナジタ『相互扶助の経済―無尽講・報徳の民衆思想史』みすず書房、2015 年

＊16　東京都都市づくり政策部 広域調整課 都市政策担当「都市づくりのグランドデザイン」
　　　2019 年

＊17　田畑貞寿・五十嵐政郎・白子由起子：緑被地からみた江戸と東京の都市構造に関する
　　　研究、『造園雑誌』47 巻 5 号、（社）日本造園学会、1983 年

＊18　吉田伸之『伝統都市・江戸』東京大学出版会、2012 年

TOPICS　都市マネジメントの視点で捉えた
　　　　　新型コロナウィルス感染症対策

＊1　新型コロナウイルス厚生労働省対策本部クラスター対策班 東北大学大学院
　　　医学系研究科・押谷 仁「COVID-19 への対策の概念」2020 年 3 月 29 日

＊2　厚生労働省「新型コロナウイルス感染症の " いま " についての 10 の知識」2020 年 10 月時点

＊3　Kelvin Kai-Wang To et al.,Temporal profiles of viral load in posterior oropharyngeal
　　　saliva samples and serum antibody responses during infection by SARS-CoV-2:an
　　　observational cohort study,The Lancet Infectious Diseases,2020 Elsevier Ltd

＊4　Guan WJ,et al.Comorbidity and Its Impact on 1590 Patients With Covid-19
　　　in China:A Nationwide Analysis. Eur Respir J.2020 Mar 26

＊5　国立感染症研究所 HP「中国武漢市からのチャーター便帰国者について：
　　　新型コロナウイルスの検査結果と転帰（第四報：第 4、5 便について）および第 1 ～ 5 便
　　　帰国者のまとめ」2020 年 3 月 25 日時点

＊6　厚生労働省 HP「人口動態統計 2018」

＊7　Atkinson J, et al:Natural ventilation for infection control in health-care
　　　settings.,eds.WHO Publication/Guidelines,2009

＊8　Shlomo Benartzi et al., Should Governments Invest More in Nudging?,
　　　Psychological Science,Vol 28,Issue 8,2017

第四章

* 1 Réka Albert,Hawoong Jeong,Albert-László Barabási, Error and attack tolerance of complex networks,Nature volume406,2000

* 2 織山和久・小滝 晃「延焼過程ネットワークのスケールフリー性に着目した木造密集地域における延焼危険建物の選択的除去効果の実証」『日本建築学会環境系論文集』80 巻 711 号、(一社) 日本建築学会、2015 年

* 3 総務省統計局「平成 25 年住宅・土地統計調査」

* 4 小滝 晃・織山和久「木造密集地域の共同建替えに係る委託型組合方式の事業性に関する研究」『日本建築学会計画系論文集』80 巻 718 号、(一社) 日本建築学会、2015 年

* 5 中野区「大和町のまちづくりに関するアンケート調査結果」2014 年

* 6 松尾光洋・梶浦恒男・平田陽子「共同建替え参加志向とその可能性『日本建築学会近畿支部研究報告集』24 巻、(一社) 日本建築学会、1984 年 6 月

* 7 荒川区「第 14 回荒川区住宅対策審議会議事要旨」2008 年 10 月

* 8 織山和久・小滝晃「木造密集地域における共同建替えへの合意形成の阻害要因と促進施策：地権者間の囚人のジレンマの解消」『日本建築学会環境系論文集』82 巻 735 号、(一社) 日本建築学会、2017 年

* 9 東京都都市整備局「東京の土地利用 平成 28 年東京都区分」

* 10 山本彰・大脇鉄也・上坂克巳「自転車の走行空間等の違いによる旅行速度の差異に関する分析」『土木計画学研究・講演集』Vol.43、(公社) 土木学会、2011 年

* 11 (公財) 中部圏社会経済研究所 HP (社) 中部開発センター「景観に関する意識調査－中部の景観意識を検証する－景観に関するアンケート調査結果より」2005 年

* 12 野村優太ほか「都道府県による景観条例の制定状況と運用実態」『日本建築学会九州支部研究報告』、第 54 号、(一社) 日本建築学会、2015 年 3 月

* 13 織山和久・小滝 晃「木造密集地域の共同建替えにおけるデザインコードについて」『日本建築学会計画系論文集』80 巻 710 号、(一社) 日本建築学会、2015 年

* 14 Transport for London,Impacts Monitoring–Sixth Annual Report, 2008

* 15 Elinor Ostrom,Governing the Commons:The Evolution of Institutions for Collective Action,Cambridge University Press,1990

* 16 The Washington Post,Billionaire Robert F.Smith pledges to pay off Morehouse College Class of 2019's student loans,May 20,2019

* 17 大阪市都市整備局「阿倍野再開発事業検証報告書」2017 年

* 18 金本良嗣・藤原 徹『都市経済学 第 2 版』東洋経済新報社、2016 年

* 19 井堀利宏・土居丈朗「財政政策の制度設計」、林文夫編『経済制度設計』第 2 章収録、勁草書房、2007 年

* 20 フィンランド都市協会、フィンランド自治体協会「フィンランドの地方自治」(財) 自治体国際化協会、1992 年

* 21 フィンランドにおける国と地方の役割分担、財務総合政策研究所「主要諸外国における国と地方の財政役割の状況」報告書、2006 年

* 22 M.C.Jensen and W.H.Meckling, Theory of the firm: Managerial behavior,

agency costs and ownership structure, Journal of Financial Economics, Volume 3,Issue 4,October 1976

* 23　ユルゲン・ハーバーマス『事実性と妥当性(上)』未来社、2002 年

* 24　ジェームズ・S・フィシュキン『人々の声が響き合うとき：熟議空間と民主主義』早川書房、2011 年

* 25　厚生労働省 HP「平成 29 年度 国民医療費の概況」

* 26　岩本康志、鈴木 亘、両角良子、湯田道生『健康政策の経済分析：レセプトデータによる評価と提言』東京大学出版会、2016 年

* 27　鈴木 亘「わが国の社会保障制度の世代間不公平の実態と積立方式移行による改善策」一橋大学経済研究所・日本総研共催 記者勉強会、2013 年

* 28　山下耕治・赤井伸郎・佐藤主光「地方交付税制度に潜むインセンティブ効果 ―フロンティア費用関数によるソフトな予算制約問題の検証」大蔵省財政金融研究所編 『フィナンシャル・レビュー』61 巻、大蔵省印刷局、2002 年 2 月

* 29　Gerard Debreu, Valuation Equilibrium and Pareto Optimum, Proceedings of the National Academy of Sciences of the United States of America,Vol.40,No.7,Jul.15,1954

* 30　Federal Communications,Commission Auction 97:Advanced Wireless Services (AWS-3),2015

* 31　Robert Jervis.1978."Cooperation Under the Security Dilemma," World Politics,30(2)

* 32　F.A. ハイエク『自由の条件』春秋社、2007 年

* 33　総務省 HP「許認可等の統一的把握結果」

* 34　The Heritage Foundation, The Index of Economic Freedom, 2019

* 35　福井秀夫『官の詭弁学　誰が規制を変えたくないのか』日本経済新聞出版、2004 年

TOPICS　スーパーシティ構想は、都市創生の切り札か？

＊1　Duranton,Gilles & Puga,Diego, 2004."Micro-foundations of urban agglomeration economies," in: J. V. Henderson & J. F. Thisse (ed.), Handbook of Regional and Urban Economics,edition 1,volume 4

* 2　三輪芳朗『計画的戦争準備・軍需動員・経済統制―続「政府の能力」』有斐閣、2008 年

* 3　江口圭一『日中アヘン戦争』岩波書店、1988 年

* 4　光多長温「むつ小川原開発事業の検証」『季刊「都市化」2017 vol.3』（公財）都市化研究公室、2017 年 11 月

* 5　総務省「リゾート地域の開発・整備に関する政策評価書」2003 年

クレジット

fig.1　United States National Archives via japanairraids.org ／ fig.2　Itoshin/PIXTA ／ fig.3　東京都住宅局総務部企画室編集、東京都住宅局総務部企画室「平成 9 年度東京都住宅白書」／ fig.4　ゼンリン住宅地図／ fig.8　東京都都市整備局「防災都市づくり推進計画(改定)(平成 28 年 3 月)」／ fig.9　文京区都市計画図／ fig.10　東京消防庁「東京消防庁統計書」fig.15　東京都都市整備局 HP「東京における都市計画道路の整備方針(第四次事業化計画)」2016 年 3 月 30 日／ fig.18　photolibrary ／ fig.20　玉井哲雄『江戸—失われた都市空間を読む』平凡社、1986 年／ fig.23　国土交通省「平日における東京中心部への人口集中状況」第二章 扉　photolibrary ／ fig.29　豊田栄造・大村敏「災害時における延焼シミュレーション 木造密集市街地の危険性の計測手法」『先端測量技術』91 号、日本測量調査技術協会、2006 年 4 月／ fig.32　高取千佳・大和広明・髙橋桂子・石川幹子「明治初期と現代のマトリクス構造の変化が熱・風環境に与える影響に関する研究 東京都心部を対象として」『都市計画論文集』48 巻 3 号、(公社)日本都市計画学会、2013 年／ fig.33　筑波大学 計算科学研究センター 地球環境研究部門 日下博幸研究室 HP「研究テーマ 数値モデル 領域気象モデル(WRF)」／ fig.34　武井正昭・大原昌樹「圧迫感の計測に関する研究・1: 圧迫感の意味と実験装置」『日本建築学会論文報告集』261 巻、(一社)日本建築学会、1977 年／ fig.36　文京区 HP「根津駅周辺地区まちづくり 平成 26 年度第 1 回地権者アンケート結果」fig.37　総務省 今後の都市部におけるコミュニティのあり方に関する研究会「都市部のコミュニティに関するアンケート調査報告書 平成 25 年 3 月」／ fig.38 総務省 今後の都市部におけるコミュニティのあり方に関する研究会「都市部のコミュニティに関するアンケート調査報告書 平成 25 年 4 月」／ fig.40　厚生労働省 HP「厚生統計要覧(平成 30 年度)」／ fig.43　旅案内人 野沢／ PIXTA ／ fig.48　2 点とも google ／ fig.50　photolibrary ／ fig.51　渋谷区 HP「庁舎建替え」／ fig.52　渋谷区 HP「新庁舎及び新公会堂整備計画(案)」／第三章扉　photolibrary ／ fig.58　丹羽結花「京都の町家におけるコミュニケーション：招かれざる訪問者」『デザイン理論』45 巻、関西意匠学会、2004 年／ fig.61 谷本雅之「近代日本の世帯経済と女性労働：「小経営」における「従業」と「家事」」『大原社会問題研究所雑誌』635・636 号、法政大学大原社会問題研究所、2011 年／ fig.62　国立歴史民俗博物館「江戸図屏風・左隻第 2 扇下」／ fig.65　東京都都市づくり政策部 広域調整課 都市政策担当「都市づくりのグランドデザイン」2019 年／ fig.66　田畑貞寿・五十嵐政郎・白子由起子：緑被地からみた江戸と東京の都市構造に関する研究、『造園雑誌』47 巻 5 号、(社)日本造園学会、1983 年／ TOPICS　p157 下　"Kelvin Kai-Wang To et al., Temporal profiles of viral load in posterior oropharyngeal saliva samples and serum antibody responses during infection by SARS-CoV-2: an observational cohort study, The Lancet Infectious Diseases, 2020 Elsevier Ltd"／第四章扉　旅案内人 野沢／ PIXTA ／ fig.72　中野区「大和町のまちづくりに関するアンケート調査結果」2014 年／ fig.77　(公財)中部圏社会経済研究所 HP(社)中部開発センター「景観に関する意識調査−中部の景観意識を検証する−景観に関するアンケート調査結果より」2005 年／ fig.80　hashisatochan/PIXTA ／ fig.81　cycling in the netherlands ministry of transport 2007 ／ fig.82　photolibrary ／ fig.83　内閣府「忌部助け合いセンター「輪の会」」／ fig.87　横浜国立大学／ fig.88　東京大学

・上記以外は筆者による作成・撮影。本文に＊のあるものは引用元を参考のうえ作成。

おわりに

　都市空間を豊かにするのは、つまるところ友情と愛なのかもしれません。ナイーブな言葉のようですが。

　ヨハン・ガルトゥングの平和理論では、憎悪と暴力に対して、友情と愛を置いています。友情は、平等な利益のための相互の協力で、衡平とも言います。愛は、喜びと悲しみの共有、高く共感する調和とも言い換えられます。これらを ASEAN のように制度化し、全体として融合し、永続的にしていくこと。これが積極的平和です。友情と愛という感情的な言葉が出てきたことに驚いたのですが、よくよく考えると納得させられます。

　改めて考えると、共有地や共有財産をめぐるコミュニティのあり方も、友情と愛が土台になっています。公共空間を豊かにして都市を暮らしやすくするのも、この友情と愛が基礎となります。相互的で平等な利益のための協力、そして共感は相互扶助の基礎。考えてみれば構造的暴力のない平和とはコモンズの最たるものだから、友情と愛が基本になるのも理屈に合います。

　逆にコモンズや都市空間が損なわれていくのは、友情や愛を欠くときでしょう。大地主と貧困層といったように分断された人々が、上下関係や損得勘定で判断・行動、お互いに理解しようともせず、他者の苦しみや痛みは切り捨てられます。タワーが林立するのも、周辺の人々や通う人々への友情と愛が欠けているからでしょう。ヘイトスピーチやホームレスの被災者を避難所が拒否した問題に通じるかもしれません。

建築や都市のあり方をいろいろと考えてきましたが、友情と愛という言葉にいきつくとは、思ってもいませんでした。しかし、それらが人間や都市の本質なのでしょう。

　最後になりますが、本書がかたちになるまで、多くの方々にご指導・ご支援をいただいたことに心からお礼申し上げます。

　北山恒さんには、数々のプロジェクトや横浜国立大学大学院、法政大学江戸東京研究センターにおいて、都市と建築のあり方を根本から考える機会と指針をいただきました。小滝晃さんには、木造密集地域問題に正面から取り組むきっかけと論文の共同執筆にご尽力いただきました。垣内崇佳さんには、毎月のように都市のかたちを議論して、視点と知恵を授かりました。建築家と弊社スタッフの皆さんには、数々のコーポラティブハウスを成立させ、人びとと一緒に都市を再生する意義と可能性を教えてもらっています。家族は、考えごとや偏頭痛でボーっとしているのを温かく見守ってくれました。

　そして、本書の出版について企画・構成から細部にまでお骨折りいただいた、ユウブックスの矢野優美子さんに改めて感謝いたします。

2020 年 11 月　　織山 和久

織山和久（おりやま・かずひさ）
学術博士。法政大学江戸東京研究センター客員教授、（株）アーキネット代表取締役。
1961年生まれ。東京大学経済学部卒業後、三井銀行（現三井住友銀行）を経て、1983年マッキンゼー・アンド・カンパニーに入社。製造、金融、専門サービス、官公庁から地域・都市経営まで多様な分野においてコンサルティングに従事。1995年（株）アーキネットを設立。土地・住宅制度の政策立案、開発プロジェクトの企画等を手掛け、創業時からコーポラティブハウスの企画・運営に取組む。2017年に都市住宅学会賞・業績賞を受賞。横浜国立大学都市イノベーション学府・研究院客員教授、県立広島大学大学院経営管理研究科特別講師（ファイナンス、マクロ経済学）を歴任。
著書に『東京 いい街、いい家に住もう』（NTT出版、2009年）、『建設・不動産ビジネスのマーケティング戦略』（ダイヤモンド社、1999年）、共著に『変革のマネジメント』（NTT出版、1993年)、『アジア合州国の誕生』(ダイヤモンド社、1995年) がある。

自滅する大都市
制度を紐解き解法を示す

2021年1月25日 初版第1刷発行

著者 織山和久
発行者 矢野優美子
発行所 ユウブックス
〒221-0833 神奈川県横浜市神奈川区高島台6-2
tel: 045-620-7078 fax: 045-345-8544
info@yuubooks.net http://yuubooks.net

編集 矢野優美子
ブックデザイン 坂 哲二 (BANG! Design, inc.)
装画 丹野大地
印刷・製本 株式会社シナノパブリッシングプレス